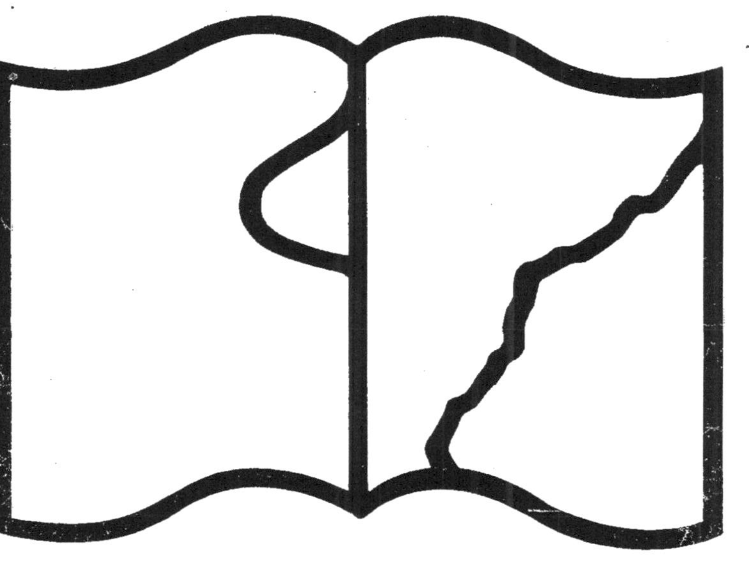

Texte détérioré — reliure défectueuse

NF Z 43-120-11

Contraste insuffisant

NF Z 43-120-14

CONFÉRENCES

SUR LE NAVIRE

(1871 à 1872)

PAR E. LAHURE PÈRE

L'autre a peur de ramper, il se perd dans la nue

HAVRE

IMPRIMERIE LEPELLETIER

1873

CONFÉRENCES

SUR LE NAVIRE

(1871 à 1872)

Par E. LAHURE Père

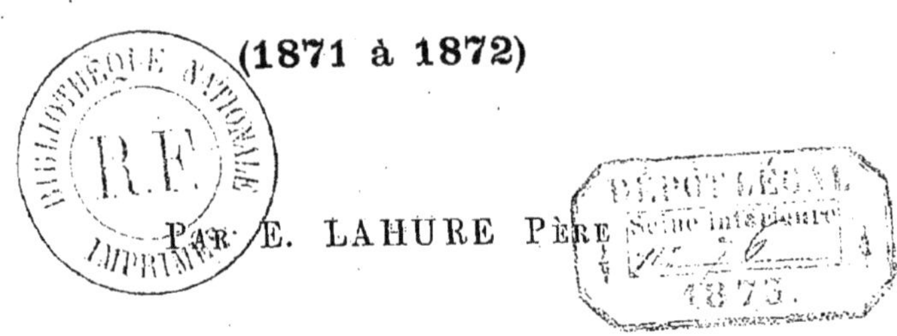

HAVRE

IMPRIMERIE LEPELLETIER

1873

ERRATA.

La cause de la plupart des erreurs que cet errata corrige, est indiquée à la fin de l'avant-dernier alinéa de la 1re partie, f° 89.

Page 8, ligne 14, *lisez* : l'addition de poids déterminés...

Page 17, ligne 12, *lisez* : sera la base, ligne 21, $R \times \cos.\alpha$...

Page 19, *Antepenultième*, *lisez* : $A G \times \left(1 + \dfrac{1}{\cos.\alpha}\right)$

      Penultienne, *lisez* : $A G = R \ \dfrac{\tang.\alpha}{1 + \dfrac{1}{\cos.\alpha}}$

Page 20, ligne 4, *lisez* : $R \ \dfrac{\tang.\alpha \ \sin\alpha}{1 + \cos.\alpha}$

    »   9, $R \ \dfrac{\sin.\alpha}{1 + \cos.\alpha}$ et $H\,D' = R \ \dfrac{\overline{\sin.\alpha^2}}{1 + \cos.\alpha}$

    »   16, les formes du navire...

Page 22   »   27, *lisez* : $m^2,1$ au lieu de $m^2 1$,

       »   34,   » $c^2 \times 10000$, au lieu de $m^2 \times$

Page 25, ligne 28, *lisez* : que le prolongement de ce fil...

Page 29   »   26, d'où $b' =$ et non $b' -$; page 30, ligne 10 $> 2\,y$

Page 31, ligne 2, *lisez* : d'une verticale par $\underset{o}{O}$ c'est-à-dire par le

centre du déplacement à l'inclinaison 0, quand le corps flottait droit... ligne 6, *lisez* : $\times 2\,y$.

Page 31, lignes 7 et 12, comptant de $\underset{o}{0}$ voir la ligne 20 ..

Page 34, ligne 13, *lisez* : et horizontale passant par leur centre....

Page 34, lig.4 et 6 *lisez* : $\dfrac{(2 + \overline{\tang.\alpha^2})}{12\,d}$ au lieu de $\dfrac{(2 + \tang.\alpha)^2}{12\,d}$

Page 37, lignes 2 et 21, *lisez* : Dito   dito   difo.

Page 38   »   22 $-(h \pm h')\big)$ sin. α P. et non $-(h \pm h')$ sin. $\alpha)$ P.

Page 38,   »   avant-dernière et dernière, *lisez* : $2\,py$ cotang.α *et*

ensuite $\times (2 + \overline{\tang.\alpha^2})$ et non $\times (2 + \tang.\alpha)^2$...

Page 39, ligne 1 et 2, *lisez* : $2\,\dfrac{p}{P}$ cotang.α,...

Page 39,   »   12, ne changent rien...

Page 39,   »   15 $(2 + \overline{\tang.\alpha}^2)$, au lieu de $(2 \times \tang.\alpha)^2$...

Page 42, ligne 12, *lisez* : $\times x$ au lieu de $+ x$...

Page 44, ligne 25, *lisez* : et dont la surface est, et non et dont est...

Page 48, lignes 12 et 13, *lisez* ; $v = \Sigma' S\,x$ si x est la distance entre.. *et dernière ligne* : la somme des bases et non la somme M' des bases...

Page 50, ligne 23, *lisez* : sur les h, surfaces... *et non* sur les h surfaces,

Page 57, ligne 15, *lisez*: par le centre 0 et non de 0:

Page 60, ligne 18, *lisez*: de cette base par sa longueur x ici horizontale.

Page 60, ligne *Penultienne*, *lisez* rectiligne et celui...

Page 62, ligne 11, *lisez*: quantités qui se somment donnent les moments du volume en les multipliant par x et desquelles il résulte.., *ligne 14: toute l'expression doit être multipliée par x.*

Page 63, *lignes 3, 9 et 11: Le facteur x est à ajouter aussi aux expressions formant ces lignes et les dénominateurs doivent être 12 V aux deux dernières qui donnent pour valeur de $\overline{m}+m$ le produit de $\overline{M}+M$ par $\dfrac{\sin.\alpha}{2}$ mais l'expression suivante doit leur être substituée, elle est exacte:*

$$\frac{\Sigma' \overset{-}{\underset{0}{y}}{}^2 \overset{-}{\underset{\alpha}{y}} + \Sigma' \underset{0}{y} \underset{\alpha}{y}{}^2}{6\ V}\ \text{tang.}\ \alpha\ \sin.\alpha.$$

Page 63, ligne 22, *lisez*: $h \pm h'$ et ligne 25: h' est toujours....

Page 64, ligne 31, *lisez*: Z sin. α et **non** z sin.α

Page 65 » 14, *lisez* ce changement et non le changement...

Page 65, lignes 3, 18 et 22, *lisez*: $p(\text{Z}\sin.\alpha + \text{Y}\cos.\alpha) =$

$$\text{P} \times \left(\frac{\left[\left(\Sigma' \overset{-}{\underset{0}{y}} \overset{-}{\underset{\alpha}{y}}{}^2 + \Sigma' \underset{0}{y} \underset{\alpha}{y}{}^2 \right) \dfrac{\text{tang.}\alpha}{\cos.\alpha} + \left(\Sigma' \overset{-}{\underset{0}{y}}{}^2 \overset{-}{\underset{\alpha}{y}} + \Sigma' \underset{0}{y}{}^2 \underset{\alpha}{y} \right) \sin.\alpha \right]}{6\ V} \right) x$$

$-(h \pm h')\sin.\alpha.$ (voir le 1" alinéa du f° 63).

Page 65, lignes 26 et 27, *lisez*: $2^{\circ}\ \dfrac{p}{\text{P}+p} \Big(\text{Z} + \text{Y cotang.}\ \alpha \Big] \pm$

$$\frac{\text{P}}{\text{V}} \left[\left(\Sigma' \overset{-}{\underset{0}{y}} \overset{-}{\underset{\alpha}{y}}{}^2 + \Sigma' \underset{0}{y} \underset{\alpha}{y}{}^2 \right) \times \frac{1}{\dfrac{}{\cos.\alpha}{}^2} + \left(\overset{-}{\underset{0}{y}}{}^2 \overset{-}{\underset{\alpha}{y}} + \underset{0}{y}{}^2 \underset{\alpha}{y} \right) \right] \Big/ 6 \Big] x - h = \pm h'.$$

Page 66, ligne 15, *lisez* : $\dfrac{}{12\ V}$ *au lieu de* $\dfrac{}{6\ V}$ et $\times x$ ou mieux

$$\frac{\Sigma' \overset{-}{\underset{0}{y}} \overset{-}{\underset{\alpha}{y}}{}^2 + \Sigma' \underset{0}{y} \underset{\alpha}{y}{}^2}{6\ V}\ \text{tang.}\ \alpha\ \sin.\ \alpha\ x.$$

Page 68, ligne 14, *lisez* $\int x$.

Page 68, » 16, *lisez*: $x\ (m + n')\sin.$ A.

Page 68, lignes 17, 18 et 19 après feront *lisez*: m exprimant successivement le numéro de chaque Vt et $\pm n'$ la fraction, entre la $\underset{0}{Vt}$ et la Vt ou la $\overset{\cdot}{\underset{1}{Vt}}$, de x où l'axe de l'oscillation longitudinale incide. Ainsi...

Page 68, ligne 24, *lisez*: sera $x\ (m+n')\sin.$ A.

Page 68, » 27, *lisez*: $\pm x\ n'\sin. A\ x\ n'$ remplaçant etc.

Page 69 » 10, *lisez* produit de son volume et non de son centre.

Page 69, ligne 17, et dans tout ce qui suit, jusqu'au f° 73, *lisez* **n'** au lieu de *n* et *y* au lieu de *y* et *y*.

Page 70, lignes 22, 25 et dernière, *lisez* $\int x$.

Page 71, ligne 2, *après* relevées, *lisez* sous la désignation de *y*…

Page 71 » 4, *lisez* f° 68 et non 58 et ligne 8, par le numéro de….

Page 71 » 11 *après* $+$ etc., $+ \dfrac{{}_o y_n + {}_\Lambda y_n}{2} \times \dfrac{3(n-1)-1}{3} \Big) \times x^2 \sin.A.$

Page 71 » 13, *après* $+$ etc., $+ \dfrac{{}_o \dot{y}_n + {}_\Lambda \dot{y}_n}{2} \times \dfrac{3\,n-1}{3} \Big) \times x^2 \sin. A.$

Page 71 *Penultieme, lisez* $+ \dfrac{x^2 \sin.A}{(\Sigma' {}_\Lambda y + \Sigma' {}_\Lambda \dot{y}) x^2 \sin. A}$

Page 72 » 15 *lisez*

$$\times\, x \times (3-n') \times 2 + \dfrac{{}_o y_4 + {}_\Lambda y_4}{2} \times x \times (4-n') \times 3 + \text{etc.} +$$

$$+ \dfrac{{}_o y_n + {}_\Lambda y_n}{2} \times (n-n')\, x \times \dfrac{3\,(n-1)}{3} \Big) \times x^2 \sin.A.$$

Page 72 » 17 et 18, *lisez*

$$\dot{m} = \Sigma' \Bigg(\dfrac{\dfrac{{}_{oo} y + {}_{\Lambda o} y \times x\, n'}{2}}{3} + \dfrac{{}_{o1} \dot{y} + {}_{\Lambda 1} \dot{y}}{2} \times x \times (1 + n') + \dfrac{{}_o \dot{y}_2 + {}_\Lambda \dot{y}_2}{2}$$

$$\times x \times (2 + n') \times 2. + \dfrac{{}_{o3} \dot{y} + {}_{\Lambda} \dot{y}_3}{2} 3(3 + n') \times 3 + \text{etc.} +$$

$$+ \dfrac{{}_o \dot{y}_n + {}_\Lambda y_n}{2} \times (n \times n') \times \dfrac{3n-1}{3} \Bigg) \times x^2 \ \sin. A.$$

Page 72, ligne avant dernière, *lisez :* $x^2 \sin.A$ et non $x^2 n \sin. A.$
Dernière

$$\text{l'}Ar \dfrac{{}_o y_1 + {}_\Lambda y_1}{2} \times \dfrac{\overline{(x-x\, n')}^{3}}{3} \big) \sin. A., \quad \text{et pour l'}Av.\ \dfrac{{}_{oo} y + {}_{\Lambda o} y}{2} \dfrac{\overline{x\, n'}^{3}}{3} \ \sin. A.$$

N. B. — Si j'ai laissé figurer des détails de la forme suivante ;

$$\dfrac{{}_o y_2 + {}_\Lambda y}{2} + 2(x + x - x\, n' \times \mathrm{I} \ \text{au lieu de} \big({}_o y_2 + {}_\Lambda y_2 \big) \times (2-n'), \ \text{en}$$

renvoyant $\dfrac{x}{2}$ au facteur final qui eut été alors $\dfrac{x^3 \sin. A.}{2}$ c'est pour

rappeler que la PREMIÈRE PARTIE *du facteur détermine la hauteur de chaque surface, tandis que* LE RESTE *donne la valeur que la surface prend dans l'évaluation du moment du volume.*

CONFÉRENCES SUR LA MARINE

Observations sur le but que poursuit le promoteur de ces Conférences.

Ce qu'il cherche à mettre en évidence, c'est que la connaissance des moyens d'évaluer certains résultats qui font partie des nombreuses considérations dont on devrait tenir compte lorsqu'on veut créer un navire ou une embarcation, est d'une utilité bien plus grande par les conséquences indirectes, par les indications médiates qu'on en tire, que par les évaluations qu'on obtient des analyses algébriques appliquées aux questions, peu nombreuses d'ailleurs, qu'on peut soumettre à ces analyses.

C'est que le résultat des études sérieuses dont il cherche à faciliter l'accès par des simplifications qu'il s'est ingénié à obtenir, tend à préserver des erreurs et des contre-sens évidents pour un œil exercé, que présentent un grand nombre de constructions navales mêmes très importantes, bien plus qu'à faire espérer une perfection dont il serait, alors même qu'elle aurait été atteinte pour un type quelconque, impossible d'obtenir la constatation dans l'état des connaissances acquises.

Ce sont ces considérations, Messieurs, dont le promoteur des conférences sur l'architecture navale n'a rencontré aucune trace dans les traités spéciaux qu'il a étudiés, qui l'encouragent à vous présenter le résumé des études qui ont été l'objet des conférences de 1871 à 1872.

A ces considérations s'ajoute une justification des plus complètes de l'établissement des conférences, justification qu'il est heureux de pouvoir porter à votre connaissance.

JUSTIFICATION

De l'Etablissement de Conférences sur l'Architecture navale et sur la Marine.

Dans une brochure que M. Mottez, capitaine de vaisseau, a publiée sous ce titre : *Examen pratique de questions de théorie du navire*, brochure qui ne porte pas de date, mais dont la publication *est très récente*, l'auteur débute ainsi :
« La théorie du navire est la science qui traite analytique-
» ment des forces qui agissent sur le navire et des effets
» produits par ces forces. C'est une science encore dans
» l'enfance. Sauf les questions de stabilité, il ne s'en trouve
» aucune résolue d'une manière satisfaisante. Beaucoup de
» questions du ressort de la théorie du navire ne sont
» même pas posées. »

Il serait difficile de présenter une justification plus complète de l'ouverture des conférences que la Société havraise d'études a patronnées ; et quant à la marche qui y a été suivie, ce n'est pas celui qui les a dirigées qui peut l'apprécier, mais ce qu'il lui est permis, c'est de signaler la similitude des vues émises par M. Mottez et des systèmes qui ont été présentés dans les conférences de notre Société. Cette simi-

litude a été assez complète pour que je puisse indiquer la
seule divergence que j'ai rencontrée : elle est relative à la
direction dans laquelle se font, sur la partie d'arrière des
carènes, les frottements de l'eau qui vient incessamment
remplir le vide que tend à laisser, lorsque le navire marche
en avant, la partie de sa carène qui remplissait ce vide, et
même, à l'occasion de cette divergence, une similitude
exacte sur les moyens par lesquels on peut et on eut dû,
depuis longtemps, déterminer exactement la direction de
ces frottements, renaît immédiatement. Au dernier alinéa
du f° 7 de la brochure, se trouve l'indication de ce moyen,
dont le mécanisme avait été expliqué dans la première confé-
rence, en y signalant cette particularité, que le capitaine de
vaisseau Laurencin eut certainement fait appliquer ce mécanisme ainsi qu'il m'avait promis de le faire faire, si la déplorable révolution de 1848 n'eut, peu de temps après sa pro-
messe, privé de la haute influence qu'il exerçait au Ministère
de la Marine, cet homme, mort si malheureusement, et dont
la capacité et le haut mérite n'ont jamais, je le crois, été
contestés.

Il est évident que par ces mots « *questions de stabilité* »
M. Mottez désigne les diverses évaluations indispensables
pour obtenir ensuite celles de la stabilité aux diverses inclinaisons où l'on veut constater la force de côté du navire.
Et il est évident aussi que M. Mottez en exceptant, comme il
le fait, *les questions de stabilité* de celles dont la solution
n'est pas obtenue, affirme que des expressions de la force de
stabilité, tout autres que la banale formule dite *du métacentre,*
ont été construites et doivent être adoptées, puisque cette
formule donne des résultats tout-à-fait inexacts dès que
l'inclinaison des corps flottants cesse d'être infiniment petite,
c'est-à-dire *dès que l'inclinaison a commencé.* Tandis que,
complétée et rectifiée, elle devient l'expression de la distance
qui sépare à chaque degré d'inclinaison où l'on veut la mesurer, les deux poussées, l'une par le centre du corps flottant, l'autre par le centre de son déplacement, distance qui

est le *couple* (1) de la stabilité, soit de la force de côté du navire.

L'étude approfondie de cette expression est de la plus haute importance, car son emploi n'est pas limité aux solutions exactes de diverses questions qu'on en peut tirer, en l'appliquant de diverses manières ; les instructions qu'elle fournit sur bien des points qui ne sont pas susceptibles des analyses rigoureuses, ont une telle portée qu'on peut les considérer comme indispensables.

1° Quant aux applications de l'expression qui sont assez nombreuses, la première consiste à donner la dimension du couple qui tend à provoquer, soit le redressement, soit la continuation du mouvement qui a fait incliner le corps jusqu'au degré qu'on a adopté pour appliquer l'expression ; résultat dont le renouvellement a des inclinaisons successives mais à choisir arbitrairement, permet 2° de tracer une courbe dont chaque ordonnée donne la dimension du couple à l'inclinaison dont l'abscisse correspondante donne le degré. (*Voir la Fig. 1*).

On trace la courbe suivant les ordonnées dont la dimension a été calculée pour certaines inclinaisons ; les mesures de ces inclinaisons donnant la valeur de chaque abscisse, et c'est par la distance de la courbe à l'axe des abscisses qu'on obtient les dimensions de toutes les ordonnées intermédiaires qu'on veut déterminer.

Des courbes analogues sont employées pour obtenir tous les intermédiaires des quantités dont l'analyse ne donne les

---

(1) Il faut ici consigner une réserve sur la valeur des *Couples* qu'on assimile souvent à des bras de levier : car cette assimilation est parfois très inexacte ; mais la recherche des solutions de cette question importante, et qui est très intéressante, ne peut trouver place ici, car elle réclame des développements qui exigeraient tout un article dans les publications de notre société.

valeurs que sur des points qui sont déterminés, soit par l'analyse, soit arbitrairement comme dans le cas présent.

Les enseignements qu'on tire de cette courbe méritent d'être signalés : quand il s'agit d'un navire et que l'origine de la courbe, le n° 0 des abscisses indique la position où il flotte immobile, les premières ordonnées sont positives, soit que les abscisses soient mesurées de gauche à droite, soit qu'elles le soient de droite à gauche ; mais en continuant l'application de l'expression à des inclinaisons plus grandes, de l'un comme de l'autre bord, l'accroissement des ordonnées, qui était d'abord positif, devient nul, puis négatif, ce qui, dans certains cas, ramène la dimension de l'ordonnée à 0, quand l'inclinaison prend un grand accroissement, c'est-à-dire qu'à ce point où les deux poussées se retrouvent sur la même verticale, l'équilibre se rencontre de nouveau, mais dans des conditions qui peuvent être toute différentes de celles du point départ des inclinaisons ; car si un nouvel accroissement de l'inclinaison fait naître après le couple 0, un couple qui, continuant à décroître, devienne négatif, ce qui fait passer la courbe au-dessous de l'axe des abscisses, l'équilibre rencontré sera instable et le navire continuera à s'incliner spontanément de plus en plus, jusqu'à ce qu'il retrouve une inclinaison où la forme de son déplacement fasse cesser l'accroissement des couples négatifs.

Les réductions des couples positifs devenant 0 et ensuite négatifs, sont ce qui provoque un résultat qui se présente assez souvent quand on couche les navires sur le côté pour les réparer. Dans cette opération, la résistance très grande que les navires opposent aux premiers efforts pour les incliner, diminue ensuite, et tant et si bien, que dans certains navires elle cesse entièrement et se trouve remplacée par une force inverse qui les fait tomber, le haut de leurs mâts appuyés sur le ponton ou sur le quai d'où partaient les appareils employés pour leur imposer les premières inclinaisons.

Mais si à l'inclinaison où le couple positif était redevenu 0,

l'accroissement ultérieur de l'inclinaison eût donné naissance au retour d'un couple positif, l'équilibre eût été stable
comme celui du point de départ.

Les divers emplois qu'on doit faire de cette courbe, les limites au-delà desquelles il serait inutile de la tracer, les enseignements qu'elle offre, exigent des développements qui
seront présentés plus tard, mais je lui ai déjà consacré trop
d'espace dans ce premier aperçu.

3° L'expression qui permet de la tracer, offre un moyen
de déterminer exactement la position du centre de gravité
du navire par une opération facile et brève.

4° Elle donne les moyens, en l'appliquant dans des conditions qui seront expliquées, de déterminer les différences de
tirant d'eau que provoque, soit l'addition de poids déterminé
à certaines parties de l'arrière ou de l'avant du navire, soit
l'importance et la position qu'il faut donner à ces poids pour
provoquer une différence de tirant d'eau déterminée.

Tels sont, Messieurs, les motifs principaux qui commandent d'attirer d'abord l'attention sur la construction de la
formule dont je viens d'indiquer quelques-uns des emplois.

Dans les conférences, le désir d'en rendre les débuts
moins arides, m'a engagé à y intercaler des recherches sur
les questions qu'on ne peut soumettre aux lois rigoureuses
de l'analyse, mais dans ce résumé je ne dois pas faire mention
de ces digressions qu'il sera plus convenable de réunir
ultérieurement.

Je n'y admettrai donc que les incursions dans le mécanisme
du dessin linéaire et dans l'Algèbre, la Trigonométrie et la
Mécanique, indispensables pour rendre intelligibles les
études à faire, ce qui commande de les présenter avant
de commencer les études spéciales sur la Marine.

INDICATIONS RELATIVES AU DESSIN LINÉAIRE.

Pour le dessin linéaire, je fais remarquer d'abord que le but de ce dessin étant de donner les moyens de déterminer les formes des solides par des lignes tracées sur des surfaces planes, on n'y tient aucun compte des lois de la perspective, d'où il résulte que la projection d'une droite normale au plan sur lequel on exécute un tracé est toujours un point, quelle que soit la position de cette ligne sur le plan, et que la projection sur ce plan d'un autre plan, qui lui est perpendiculaire, est toujours une ligne droite, ajoutant que le point étant un espace sans surface, sa véritable expression est le sommet de l'un des quatre angles que forme la rencontre de deux lignes, et que la ligne étant un espace dont la largeur égale 0 est le passage du noir au blanc ou la carre vive que présente sur les solides la réunion de deux plans non parallèles ; ce qui impose pour ce dessin l'emploi de lignes très fines et de points aussi petits qu'on peut les faire.

Je fais ensuite observer qu'en projetant sur trois plans différents, et dont aucun n'est parallèle à l'un des deux autres, la position du même point, la position que ce point occupe dans l'espace se trouve déterminée, si celle des trois plans l'est, prenant pour exemple de la position déterminée de trois plans celle de trois surfaces adjacentes chacune aux deux autres des six surfaces qui forment l'enveloppe d'un parallélipipède.

Et que toute ligne droite ou courbe étant le résultat d'une série de points adjacents, il résulte de ce qui précède que la description d'une ligne droite ou courbe dans l'espace est donnée par les tracés de ses projections sur les trois plans déterminés; mais que le tracé de la forme exacte d'une courbe comme de plusieurs droites dans des directions différentes, sur un seul plan, ne peut pas se faire, si il n'existe aucune position d'un plan dans laquelle la projection de la courbe ou de la série des droites, sur ce plan, soit une seule ligne droite.

Je fais aussi remarquer qu'alors que les lignes tracées sur

un plan sont destinées à constater la forme d'un solide qu'on suppose coupé en tranches, dont ces lignes sont les périmètres, il convient de faire ces sections parallèles au plan sur lequel dès lors la projection de ces périmètres en présente la forme exacte.

INCURSION DANS LE DOMAINE DE L'ALGÈBRE.

Les applications à en faire permettent de la limiter aux indications suivantes :

Considérant comme connus les signes

Plus	moins	multipliant	divisant	égalant	plus grand que	moins grand que
$a+b$	$a-b$	$a \times b$ ou $a.b.$	$\dfrac{a}{b}$	$a=b$	$> a$	$< a$

et rappelant que chaque lettre différente indique une quantité différente.

1° Quand $a+b=c$ ou $a-b=c$ chacune des deux quantités égales continue à l'être *si on transporte* a *ou* b *du 1er membre dans le second en remplaçant son signe* $+$ *par le signe* $-$ *ou vice-versa*, car pour le premier cas on déduit a ou b de chacune des deux quantités qui étaient égales $a+b-b=a=c-b$ étant le résultat de la transposition indiquée et pour le second $a-b=c$ où on ajoute b : $a-b+b=c+b$.

Cette règle est sans exception.

2° Quand $a \times b=c$ $c=\dfrac{a}{b}$: car $c=a.$ fois b, ou $b.$ fois a et $\dfrac{c}{b}$ égale le nombre de fois que c contient b : ce nombre est donc a fois ou réciproquement, continuant à prendre b pour le multiplicateur, $a \times b=a+a+a$ etc. soit $a+$ un nombre de a égal à $(b-1)$ soit $a+a \times (b-1)$ donc $\dfrac{c}{b}=c-(b-1)a=a$ puisque $a+(b-1)a=c$.

Cette règle est aussi sans exception, mais il faut remarquer qu'alors que l'un des facteurs d'un des deux membres soit a ou b est divisé par un nombre quelconque soit $a \times \dfrac{b}{n}=c$

d'où $a=\left(\dfrac{c}{\frac{b}{n}}\right)$ il en résulte que $a=\dfrac{cn}{b}$ ce qui :

3º conduit à cette autre règle : *le diviseur du dénominateur d'une fraction peut être transformé en multiplicateur du numérateur* de la fraction, sans que celle-ci change de valeur ;

4º Quoique les quantités < 1, puissent être indiquées par une seule lettre, cette lettre contient toujours implicitement un numérateur sur un dénominateur dont l'introduction est souvent indispensable pour les résolutions des équations du second degré et des degrés supérieurs.

L'élévation aux puissances s'indique par un petit chiffre placé à la droite et à la hauteur de la tête du signe ou des chiffres formant le nombre qui doit être multiplié par lui-même autant de fois moins une que le petit chiffre l'indique, cette notation n'est donc qu'une abréviation puisque $a^2 = a \times a$ $b^3 = b \times b \times b$., etc. Mais il n'en est pas de même de l'indication correspondante $\sqrt{a}$ qui exprime le nombre dont le produit $= a$ quand on le multiplie par lui-même, ou $\sqrt[3]{a}$ qui exprime le nombre dont le produit $= a$ quand on le multiplie deux fois par lui-même, et ainsi de suite ; le petit chiffre qui remplace 3, indiquant le nombre de fois moins une que le nombre exprimé, doit être multiplié par lui-même pour que son produit soit a.

Les opérations que les radicaux $\sqrt{}$ ou $\sqrt[3]{}$, etc., réclament, sont bien des divisions, mais par des diviseurs à déterminer : le moyen de le faire sera donné ultérieurement.

Il faut maintenant remarquer que l'unité multipliée par elle-même produit toujours l'unité et qu'il en résulte que les nombres < 1, multipliés par eux-mêmes décroissent ; la cause de ce résultat devient évidente dès qu'on emploie pour exprimer ces < 1, leur expression première $\frac{1}{n}$ car le dénominateur $n > 1$ croît tandis que le numérateur reste constant, cette remarque conduit à faire faire la distinction entre les rapports et les fractions : dans les premiers, dont l'expression est aussi deux quantités divisées l'une par l'autre $\frac{a}{b}$ ou toutes autres lettres soit $\frac{a}{n}$ on peut avoir $a > n$, tandis que pour les fractions < 1 il faut avoir toujours $a < n$.

Nous rencontrerons des inconnues dont la détermination exigera le recours aux équations du 2ᵉ dégré, mais il convient d'attendre qu'elles se présentent pour expliquer le mécanisme des développements que ces équations exigent.

Nous aurons aussi à recourir fréquemment aux logarithmes, mais il suffira ici pour en indiquer l'emploi d'en rappeler l'origine.

Un écossais, J. Néper, dont cette remarque rend le nom immortel, observa qu'en inscrivant terme à terme sur une même ligne et en deux colonnes; 1° une progression arithmétique ÷ 2° une progression géométrique ∺, la somme de deux des termes de la première, quels qu'ils soient, est le terme de cette première progression vis-à-vis duquel se trouve un terme de la progression géométrique qui est le produit des deux termes de la même progression qui se trouvent sur les lignes des termes additionnés de la première. Pour vérifier cette indication il suffit d'inscrire en deux colonnes les deux progressions l'une (÷) et l'autre ∺ qui se présentent les premières à l'esprit et qui sont :

÷	∺
1	2
2	4
3	8
4	16
5	32
6	64
7	128
8	256
9	512
10	1024

et d'opérer sur ces deux colonnes.

Quant à l'emploi des logarithmes il suffit de remarquer

qu'il permet de remplacer les multiplications par des additions, car la série de tous les emplois à en faire se comprend trop facilement pour qu'elle doive être ici passée en revue. J'y signalerai seulement que pour l'extraction des racines, le recours aux logarithmes est presque indispensable puisqu'on obtient les racines par la simple division d'un logarithme.

Pour la manière d'employer les logarithmes il faut indiquer d'abord que des mathématiciens ont eu la persévérance de composer les deux progressions ÷ et ∻ avec des termes fractionnaires très nombreux. Ainsi les tables de Callet présentent des logarithmes : 1° de 7 chiffres 3 + 4 plus 1 et même 2 supplémentaires dont on obtient les produits de 5 à 6 et jusqu'à 7 chiffres que donnent des facteurs composés du même nombre de chiffres et toutes les réciproques.

Toutefois il en est des résultats qu'on tire des combinaisons logarithmiques comme de la numération.

Dans cette dernière, les chiffres en ligne ne prennent leur valeur numérique qu'alors qu'une virgule indique la fin des unités et le commencement des fractions, des dixièmes, centièmes, etc.

Les produits, quotients, racines, etc., qu'on tire des logarithmes, resteraient privés de l'intervention de la virgule sans le concours d'un chiffre qu'on nomme la caractéristique et qui doit précéder chaque logarithme et s'additionner, se soustraire ou être multiplié ou divisé avec le logarithme.

Voici la signification des caractéristiques :

o, = une unité = la virgule à la droite du 1ᵉʳ chiffre de la somme

+1 = une dizaine = la virgule à la droite du 2ᵉ chiffre.

+2 la virgule à la droite du 3ᵉ et ainsi de suite.

Pour désigner les nombres < 1 les caractéristiques sont négatives.

— 1 indique la virgule à la gauche du premier chiffre de la somme ;

— 2, la virgule à la gauche d'un ,o précédant le premier chiffre ; — 3, à la gauche de deux o et ainsi de suite.

Dans les opérations il faut observer que $+ 1 + - 1 = o$ et ainsi de suite et que $+ 1 \times - 1 = - 1$ tandis que $- 1 \times - 1 = + 1$. d'où il résulte, le logarithme d'une quantité < 1 étant celui qui $\times 2 =$ le logarithme de la quantité dont on extrait la racine, qu'alors que la caractéristique est impaire; il faut, avant de faire la division du logarithme, augmenter sa caractéristique négative de $- 2$, quand la racine est carrée ou de $- 4$ si elle est cubique, etc. L'application de cette règle est très facile : il suffit de tenir compte du but que la division du logarithme doit atteindre et qui est la reproduction du logarithme primitif par le produit du quotient par le diviseur. En effet, le logarithme de tous les chiffres 1,

étant 0 celui de $0,1 = - 1 + 000.0000$, or $- 1 + 000.0000 \times \frac{1}{2}$

ne peut reproduire $- 1 + 000.0000$ qu'alors qu'on a fait à $- 1$ l'addition indiquée de $- 2$ dont le produit par

$\frac{1}{2} = - 1 + 500.0000$ qui $\times 2. = (- 2 + 1) + 000.0000,$

solution annoncée au 5e alinéa du f° 11.

Les logarithmes des racines des quantités < 1 doivent être $>$ que ceux de la quantité dont on extrait les racines, car il résulte du premier alinéa du f° 12 que $\frac{1}{n}$ est toujours

$$< \sqrt{\frac{1}{n}} \text{ soit } \frac{1}{\sqrt{n}}. \text{ tant qu'on a } n > 1.$$

Les formes des navires imposent de recourir fréquemment au *Calcul sommatoire*, mais il sera moins long et plus facile d'expliquer le mécanisme des sommations, quand le besoin de les employer se présentera, qu'il ne le serait de le faire par des indications générales.

INDICATIONS RELATIVES A LA TRIGONOMÉTRIE.

Arrivé à la trigonométrie, je me borne aussi aux indications indispensables pour les applications que nous aurons à en faire.

Adoptant pour la mesure des angles, les divisions sexagesimales, soit 360° et le degré en 60′ et 360″, etc., et vu que les figures qui sont exigées par l'architecture navale réclament beaucoup de signes; je conserve, pour désigner la mesure des angles, les lettres grecques α ϵ σ δ, etc. qui sont faciles à reconnaître.

Ces conditions posées, je signale comme devant être gravées dans la mémoire les désignations suivantes.

1° *Les tangentes ne sont,* pour l'usage que nous aurons à en faire, *que le rapport des bases aux hauteurs des rectangles.* D'où désignant par α la mesure en degrés d'un angle quelconque $< 90°$, tout rectangle dont l'angle qui est indépendant des côtés attenants à l'angle droit et dont nous prenons pour base le côté qui s'étend de α à l'angle droit, côté que nous désignerons par R aura de hauteur R tang. α (*voir la fig. 2.*)

Il faut bien remarquer que tang. α, ainsi que toutes les autres mesures trigonométriques dont nous allons examiner les principales, *ne sont que des rapports,* c'est-à-dire des fractions des $\frac{1}{2}$ des $\frac{1}{3}$ des $\frac{1}{4}$, etc., mais dont quelques-unes peuvent être > 1, et égaler plusieurs $\frac{1}{2}$ $\frac{1}{3}$, etc., et qu'ainsi ces mesures trigonométriques ne représentent une valeur *finie* qu'alors qu'elles multiplient une dimension déterminée : observation importante parce que l'usage de donner l'unité pour valeur du rayon R que nous avons adopté pour désigner la base de notre rectangle fait de l'expression R tang. α $1 \times$ tang. α soit tang. α, en éliminant le facteur 1, qui est commun à toutes les mesures trigonométriques quand $R = 1$, donc quelque soit un rectangle dont l'angle opposé à sa hauteur mesure α, sa hauteur sera toujours le produit de sa base

par tang. α, soit *B* tang. α, si nous désignons par *B* la distance
de α à l'angle droit, et ne sera tang. α ✕ 1, qu'alors que B=1.

2° Les sinus sont le rapport des hypothénuses des rectangles aux hauteurs de ces triangles d'où l'on a toujours
sin. α $<$ tang α l'hypothénuse étant $>$ que la base de tout
rectangle.

Sur la *Fig.* 2 *CA* est la base du rectangle et *A B* sa hauteur
= *R* tang. α : l'angle *C* mesurant α et *R* désignant *C A*.

Mesurons sur l'hypothénuse de ce rectangle, en comptant
de *C*, une distance égale à *C A* et que nous désignerons par
CA' si nous abaissons de *A'* une perpendiculaire à *C A* cette
parallèle à *A B* sera *R* sin. α puisque *C A'* = *R* et que sin. α est
le rapport de l'hypothenuse à la hauteur de tout rectangle
dont l'angle opposé à sa hauteur mesure α, mais il résulte de
la ligne *A'D* que toute perpendiculaire à l'un des deux côtés du
triangle qui forment l'angle α si elle incide sur l'autre côté à
une distance de *C* égale à *R* sera *R* sin. α ; donc *A D'* perpendiculaire à *C B* incidant en *A* = *R* sin. α.

Telles sont les valeurs des deux principales mesures trigonométriques, les tangentes et les sinus. Mais nous avons à
constater aussi la signification de deux autres désignations
trigonométriques : les co-tangentes et les co-sinus. La valeur
de ces deux désignations est facile à retenir, parce qu'elle
dépend directement de celle déjà constatée des expressions
correspondantes tangentes et sinus.

En effet, quand l'angle α est un angle droit, angle qui
= 90° pour la division sexagésimale, le sin. α = *R* et tang. α
atteint une grandeur infinie ; mais tant que nous avons
α $<$ 90 si nous désignons par *6* l'angle à ajouter à α pour
former la somme de 90° il est évident que *6* = 90° — α,
puisque α + *6* = 90°. Or c'est cet angle que nous avons provisoirement désigné par *6*, cet angle = 90° — α l'angle complémentaire de α dont cotang. α et cos. α sont la tang. et le

sinus ce qui est, quel que soit le nombre de degrés ou de fractions de degré que représente $\alpha < 90°$.

Reportons-nous maintenant à la figure 2 et élevons-y une perpendiculaire à CA incidant en C; cette perpendiculaire CE formera avec l'hypothénuse CB l'angle complément de α soit $= 90° — \alpha$ mais puisque $CA' =$ le rayon, base de notre premier rectangle, la distance de la droite CE à A' sera le sinus de l'angle $90 — \alpha$, soit le co-sin. α.

Nous obtiendrons le même résultat pour la tang. de l'angle complémentaire, car si nous prolongeons la verticale CE jusqu'à un point que nous désignerions par A'' dont la distance de $C = CA = CA' = R : CA''$ serait la base d'un rectangle dont l'angle en C, l'angle mesuré $= 90 — \alpha$; ainsi la longueur d'une perpendiculaire à CA'' et dès lors parallèle à CA incidant au prolongement de CB, l'hypothénuse du second rectangle, sera la tang. de l'angle $90 — \alpha$ pour une base $= R$ soit co-tang. α. Mais dans les applications que nous aurons à faire des indications trigonométriques, nous aurons peu à recourir aux co-tang. et je reviens aux emplois des co-sinus.

Il résulte de la fin du précédent alinéa que R cos. $\times$ α, le sinus de l'angle complémentaire égale (*Fig.* 2) $EA' = CD$, donc si nous prenons R cos. α pour base du rectangle, sa hauteur sera R cos. α tang. α mais R cos. α tang. $\alpha = A'D =$ sin. α, ainsi tang. α cos. $\alpha = $ sin. α, d'où il résulte que

$$\sin. \alpha \times \frac{1}{\cos. \alpha} = \tan g. \alpha \, ;$$ ainsi par ces deux facteurs cos. α l'un,

l'autre $\frac{1}{\cos. \alpha}$ nous pouvons transformer non-seulement le R en cosinus et les tangentes en sinus par le premier de ces facteurs ou *vice-versa* par le second ; mais indéfiniment réduire ou augmenter successivement les dimensions du rectangle CAB : car il résulte de ce qui précède, que si nous élevons une perpendiculaire à CB incidant en D, la distance de C à F, l'incidence de cette perpendiculaire sur CB, sera CD cos. α, mais $CD = R\cos.\alpha$ ainsi $CF = R(\cos.\alpha)$ et il en est pour les accroissements à donner au rectangle primitif dont la base $=R$ comme pour les réductions ; seulement le facteur qui est cos. α pour les réductions est pour les accroissements $\dfrac{1}{\cos.\alpha}$ ainsi tang. $\alpha \times \dfrac{1}{\cos.\alpha}$ exprime la mesure qui, sur la figure 2, est la distance de B à D''.

Toutefois, il faut observer ici que dès que le facteur R a été appliqué à l'un des rapports trigonométriques, les emplois d'autres mesures trigonométriques comme facteur du premier produit ne réclament plus le facteur R ; ainsi c'est R cos. $\alpha \times \dfrac{1}{\cos.\alpha}$ qui égale R et non pas R cos. $\alpha \times \dfrac{R}{\cos.\alpha}$ c'est R $(\cos.\alpha)^2$ et non $(R \cos.\alpha)^2$ qui égale la ligne DF de la figure.

Il ne nous reste pour terminer notre incursion dans la trigonométrie qu'une observation à consigner, mais elle est très importante pour les emplois que nous aurons à en faire.

L'angle en A que font entre elles la tangeante et le sinus tracé pour incider sur le point A, égale l'angle mesuré du rectangle que nous avons désigné par α. Pour démontrer cette égalité, il suffit de tracer une droite C I parallèle au sinus AD' et qui incide en C, car alors l'égalité devient trop évidente pour que je doive ici en développer la démonstration, cette égalité résulte d'ailleurs de l'observation générale que voici :

Toutes droites parallèles l'une à l'autre qui sont tracées sur deux plans superposés forment entre elles, quelle que soit leur direction, des angles égaux, si la position d'un des deux plans change, pourvu que les deux plans restent parallèles l'un à l'autre.

Mais la mesure de l'angle A de BAD' étant α si nous faisons de AD' le rayon : $D'B$ qui égale la hauteur du rectangle BAD'

sera $A\,D'$ tng.α soit puisque $A\,D' = R$ sin.α, $D'B = R$ sin.α tng.α De même si nous prenons $A\,B$ pour l'hypothénuse du même rectangle, nous avons $A\,B$ sin.$\alpha = B\,D'$ ainsi dans l'un comme dans l'autre cas on trouve R tang.α sin.$\alpha = B\,D'$ mais

$B\,D'$ est la différence entre R cos.α et $R \times \dfrac{1}{\cos.\alpha}$ ainsi

$$R \cos.\alpha + R \text{ tang.}\alpha \sin.\alpha = R \times \frac{1}{\cos.\alpha}$$

L'expression de la différence entre le rayon et le cosinus ou l'hypothénuse est un peu plus compliquée. Un moyen de déterminer cette différence consiste à diviser l'angle α en deux angles égaux et à tracer la droite $C\,G$ passant par $\dfrac{\alpha}{2}$ cette droite forme un nouveau rectangle dont la tang. est $A\,G$ soit R tang. de $\dfrac{\alpha}{2} < \dfrac{\text{tang.}\alpha}{2}$ mais l'angle C de $B\,C\,G$ étant égal à l'angle C de $G\,C\,A$ si on élève une perpendiculaire à $C\,B$ incidant en G cette ligne sera la tangente du second triangle dont elle fait un second rectangle semblable au premier et comme ces deux rectangles ont le même hypothénuse $C\,G$ la tangente du second $H\,G =$ la tangente $A\,G$ du premier et $C\,H$ la base du second $= C\,A$ la base du premier.

La tangente $G\,H$ du second rectangle forme en G avec le prolongement $G\,B$ de la tangente du premier, un angle α : la tangente du second rectangle étant parallèle à $A\,D'$. Ainsi $G\,B$ est l'hypothénuse d'un petit rectangle dont la base $G\,H = A\,G$ donc $A\,G \times \dfrac{1}{\cos.\alpha} = G\,B$ Or $A\,G + G\,B = A\,B = R$ tg.α.

Ainsi puisque $A\,G + A\,G \times \dfrac{1}{\cos.\alpha}$ soit $A\,G + (1 \times \dfrac{1}{\cos.\alpha} = R$ tg.α.

$$A\,G = \frac{R \text{ tang.}\alpha}{1 \times \dfrac{1}{\cos.\alpha}} = \frac{R \text{ tang.}\alpha}{\left(\dfrac{\cos.\alpha + 1}{\cos.\alpha}\right)} = \frac{R \text{ tang.}\alpha \cos.\alpha}{\cos.\alpha + 1} = \frac{R \sin.\alpha}{\cos.\alpha + 1}$$

mais $A\,G = G\,H$ base du petit rectangle dont la hauteur $HB = GH \tan.\alpha = \dfrac{R \sin.\alpha \; \tan.\alpha}{\cos.\alpha + 1}$ tandis que nous avons démontré que $CH = CA = R$ ainsi la différence entre l'hypothénuse CB soit $\dfrac{R}{\cos.\alpha}$ et R.

$$= R \times \left(\frac{1}{\cos.\alpha} - 1,\right) = R\frac{\tan.\alpha \sin.\alpha}{1 \times \cos.\alpha}.$$

Quant à la différence entre R et $R \cos.\alpha = R(1 - \cos.\alpha)$ qui est HD' puisque $HC = R$ et $D'C = R \cos.\alpha$ il suffit de tracer une parallèle à CB incidant en G pour constater que $HD' = GA \sin.\alpha$ et que la valeur de AG étant *ut supra*

$$R\frac{\sin.\alpha}{1\cos. + \alpha} : HD' = R \frac{(\sin.\alpha)^2.}{1\cos. + \alpha}.$$

Ainsi la différence entre

$$R \text{ et } R \cos.\alpha \text{ soit } R \times (1 - \cos.\alpha) = R \frac{(\sin.\alpha)^2.}{1 + \cos.\alpha}$$

Pour suivre l'ordre naturel nous devrions, à la suite de ces indications, examiner les méthodes par lesquelles on détermine, au moyen de tracés sur des plans dans des positions diverses et constatées relativement les unes aux autres, les formes de navire qu'on veut créer ; mais je crois que je parviendrai mieux à engager ceux qui ont commencé l'étude à la continuer, et que je stimulerai davantage leur attention en appliquant d'abord les indications qui précèdent à la solution d'une question qui parait difficile et qui sort, en effet, des études élémentaires.

C'est donc à l'obtention de la force de la stabilité, ou en d'autres termes à l'évaluation de la force de côté des corps flottants, que je consacrerai le premier emploi des indications qui précèdent.

CONSTRUCTION D'UNE FORMULE QUI DONNE L'ÉVALUATION DE LA FORCE DE CÔTÉ D'UN PARALLÉLIPIPÈDE FLOTTANT.

Cette formule est :

$$\frac{y^3}{3\,V} \times (2 + (\text{tang.}\,\alpha)^2) - (h \pm h') \sin.\,\alpha = \text{couple.}$$

Le couple est la distance qui sépare, quand le corps s'incline, les deux poussées, l'une par le centre de gravité du corps et s'exerçant de haut en bas, l'autre par le centre du volume de l'eau déplacée et s'exerçant de bas en haut, poussées dont l'égalité produit le flottement et qui se trouvent sur la même verticale quand un corps flotte immobile. (Voir la fig. 3).

L'expression présentée n'est applicable qu'à un prisme carré ; plus loin nous expliquerons les modifications qu'elle réclame pour devenir applicable à toutes les formes si variées des navires, mais il est indispensable de la présenter d'abord sous la forme qui précède afin de rendre plus facile la démonstration des bases sur lesquelles sa construction repose.

Plusieurs considérations commandent d'appliquer d'abord la formule à un prisme carré : 1° cette application qui l'affranchit des complications nombreuses qu'exige l'emploi du calcul sommatoire que les formes de navires exigent, est à peu près indispensable pour l'obtention dans ce résumé, d'un résultat qui a été atteint dans les conférences et qui est de donner à tous ceux qui ne connaissant que les éléments de l'arithmétique, mais qui auront pris la peine de suivre et chercher à comprendre les explications présentées, les moyens d'apprécier les combinaisons par lesquelles on obtient l'évaluation cherchée ; 2° cette application offre le moyen de vérifier l'exactitude des résultats par des expériences très faciles : la vérification pouvant se faire par un prisme carré flottant, tel qu'un simple morceau de bois, et tout cela justifie la présentation anticipée de la construction de l'expression placée en tête de cette page.

L'examen des effets sur lesquels la construction de la

formule est basée, exige, alors même qu'elle n'est disposée que pour l'appliquer à un prisme carré, des observations nombreuses; mais ces observations seraient, dans tous les cas, indispensables pour rendre intelligibles les études subséquentes, objet de ce résumé.

Il en sera, d'ailleurs, de ces observations comme des incursions dans le dessin, dans l'algèbre, etc. ; ceux pour qui ces indications seront inutiles, les passeront.

Le premier effet à examiner est la cause du flottement des corps moins denses que le fluide sur lequel ils reposent.

Cet examen exige plusieurs explications. La première concerne la mesure des volumes : une mesure n'est que le rapport de quantités quelconques d'une génération déterminée, à une unité de la même génération qu'on adopte arbitrairement. Il en résulte que les mesures de longueur, les dimensions linéaires sont les seules qui ne réclament pas d'explications ; ces mesures croissant et décroissant conformément aux règles de la numération. Ainsi prenant le mètre pour unité, le dixième d'un mètre, m.1, est un décimètre, le centième m.,01 est un centimètre, etc.

Mais dès qu'il s'agit des mesures de surfaces, une unité de surface quelle qu'elle soit ne pouvant être que le produit de deux dimensions linéaires, la mesure des surfaces ne peut plus croître ou décroître comme ces dimensions ; en effet, continuant à prendre le mètre pour unité, le dixième de l'aire d'un mètre n'est pas un décimètre carré, mais 10 décimètres: m.² 1, donne naissance à 10 décimètres carrés et à 100 centimètres carrés, etc. Ainsi le mètre carré m.² 1, contient $10 \times 10 = 100$ décimètres carrés d'où le décimètre carré est m.²,01.

Le m.² 1, contient $100 \times 100 = 10,000$ centimètres carrés d'où le centimètre carré est m.², 0001 ou la réciproque :

Si on prend pour unité le décimètre m.² 1, $= d^2 \ 100$: pour unité le centimètre m.² 1, $= m.² \times 10,000$ etc.

Le même raisonnement fait connaître que la mesure des

volumes ne pouvant être qu'un volume qui ne peut être
engendré que par le produit de trois dimensions, le mètre
cube étant pris pour unité, le dixième de cette unité n'est
plus 10, mais 100 décimètres cubes. La surface d'un mètre
carré engendrant 100 décimètres carrés, et dix tranches d'un
décimètre d'épaisseur chacune étant la quantité qui compose
un mètre cube $= m.^3$ 1, ce cube contient donc 100×100,
$= 10,000$ décimètres cubes et $1000 \times 1000 = 1,000000$ de centimètres cubes, d'où un décimètre cube $= m.^3$, 001 et un centimètre cube $= m.^3$, 000001 ou la réciproque si on prend pour
unité le décimètre ou le centimètre.

Maintenant la signification de la densité est facile à expliquer : c'est le rapport entre le poids du volume quelconque
d'un solide et le poids d'un volume égal d'eau. Et vu qu'un
mètre cube d'eau pèse 1000 kilog. (1) d'où 1 litre d'eau pèse
1 kil., la densité d'un solide est donc le rapport entre le poids
d'un mètre cube ou d'un décimètre de ce solide, et 1000 kilos
ou 1, kilog.

Il est facile de déterminer la densité des solides : il suffit
d'en peser exactement un morceau quelconque, puis, si ce
morceau ne flotte pas, de disposer la balance de manière à
pouvoir peser une seconde fois le même morceau plongé
dans de l'eau douce. La différence des poids à l'air libre et
dans la seconde condition donne exactement le cubage du
morceau puisque chaque millimètre cube d'eau pèse 1 millio-
nième de kilo et fait pour repousser les corps plongés,
un effort de bas en haut égal à son poids, ce qui va être
démontré. Si le morceau flotte, il faut constater le poids minimum qui lui impose une immersion complète : ce poids
ajouté à celui du corps donne le nombre de millimètres déplacés et dès lors le volume du morceau. Si pour faire plonger

---

(1) C'est 1 m.^{3}, d'eau distillée et à la température de 0°. qui pèse exactement 1000, kilos. mais les variations de la densité de l'eau douce sont
très peu importantes ; l'eau des mers est plus lourde : la densité commune de ces eaux $= 1,03.$

le morceau on y attache des parcelles de métal qui s'im-
mergent, leur densité étant connue leur poids donne le
nombre de fractions de m.³ d'eau qu'elles déplacent.

CAUSE DE LA FLOTTAISON DES CORPS.

Les efforts que chaque tige d'eau fait pour chercher à
reprendre la place qu'un solide ou la portion immergée d'un
solide occupe si il flotte, sont ambiants, et leur somme
excède beaucoup l'effort vertical auquel ils se résument,
cela est la conséquence des résistances qu'opposent les unes
aux autres toutes les composantes horizontales de toutes
les poussées obliques qui se résument en verticales et horizontales dont les forces respectives dépendent de la direction
des plans que chaque tige d'eau rencontre.

Le moyen le plus bref et le plus facile de démontrer que
de tous les efforts des tiges d'eau qui pressent sur les corps,
les seuls qui ne s'annulent pas sont ceux qui se résument en
poussées verticales, tous ceux qui se résument en poussées
horizontales s'égalant et s'annulant puisque le corps ne
change pas spontanément de place, et de constater que toutes
les poussées verticales se résument en une seule agissant de
bas en haut et dont la force égale le poids du corps flottant,
est d'employer des exemples.

Personne n'ignore qu'un corps suspendu à un fil reste
immobile après une série d'oscillations, quel que soit le point
du corps où le fil est attaché, et que le même résultat se
produit quand un corps flotte sur un liquide qui n'est agité
ni par le vent, ni par aucune autre cause.

Admettons qu'il soit attaché à un corps flottant, et sur le
point qui le ferait rester dans la même position quand il y
serait suspendu, un fil dont l'autre extrémité sera retenue à
un point de suspension placé perpendiculairement au-dessus
du point d'attache sur le corps : il est évident que si le fil et
le point d'attache supérieur sont sans élasticité, on pourra

faire évacuer le liquide qui portait le corps, sans que celui-ci cesse de rester immobile ; l'action du liquide et celle du fil sont donc identiques, et il est bien évident que la résistance exercée par le fil égale le poids du corps.

L'exactitude de la constatation des densités par le moyen indiqué est donc prouvée, et ce qui reste à démontrer c'est que la poussée ascendante passe toujours par le centre du volume déplacé, quelle que soit la position imposée au corps flottant : car nous allons reconnaître qu'il résulte de ce qui précède que ce résultat se produit quand le corps flotte immobile.

Mais auparavant il faut remarquer que de l'immobilité du corps qui persiste quand on remplace, par la réintroduction de l'eau jusqu'au niveau où le corps flotte, le fil *attaché sur un certain point du corps*, il ne résulte pas que la réciproque se produise, c'est-à-dire que la réintroduction de l'eau requise pour faire flotter le corps remplacera le fil qui maintenait le corps immobile, *quelque soit le point d'attache du fil sur ce corps :* celui-ci, au contraire, reprendra toujours une des positions où il peut flotter immobile, positions dont le nombre est très limité, excepté pour les sphères homogènes, tandis que les positions où la suspension produit l'immobilité sont sans limites.

Maintenant puisqu'un fil attaché dans les conditions indiquées provoque exactement le même résultat que la résistance du liquide, il est démontré que cette résistance se résume en une seule poussée dont la direction et la force sont celles du fil. Donc quand nous aurons démontré que ce fil passe par le centre du volume immergé, il sera démontré aussi que la poussée passe par ce centre.

Cette démonstration ne peut se faire sans recourir aux lois de l'équilibre sans lesquelles l'explication de ce qu'est le point qu'on appelle le centre de gravité ne peut guère se faire.

3

Que deux poids égaux ou différents P et p soient suspendus, l'un à l'extrémité d'une tige parfaitement rigide, l'autre à l'extrémité opposée de la même tige qui sera supportée par une carre vive transversalle *(voir la fig. 3)*, il y aura équilibre si le produit d'un des poids par la distance qui sépare sa suspension du point d'appui A égale le produit de l'autre poids par le reste de la longueur de la tige.

L'action d'un poids est proportionnelle à la distance qui sépare son point de suspension du point d'appui de la tige qui le porte. Les balances par lesquelles on mesure une variété considérable de pesanteurs avec un poids unique glissant sur une tige rigide, prouvent que l'action du poids est le produit de la distance à laquelle sa suspension se trouve du point d'appui et qu'elle croît comme cette distance croît.

Désignant les distances du point d'appui aux points de suspension, distances qui sont des bras de livres par B et b. il y aura équilibre si $P\,b = p\,B$. Mais il y a trois espèces d'équilibres : le stable, le neutre ou indifférent, l'instable.

1.º Si la tige est pliée et qu'une droite, s'étendant de l'un des points de suspension à l'autre, passe *au-dessous du point d'appui*, L'ÉQUILIBRE EST STABLE.

2º. Si la tige est *exactement droite*, L'ÉQUILIBRE EST INDIFFÉRENT.

3º. Si la tige est pliée de manière à faire passer la droite par les deux points de suspension, *au-dessus du point d'appui*, L'ÉQUILIBRE EST INSTABLE.

L'explication de ces différences est facile. L'action de tous les corps plus denses que l'atmosphère, action qu'on appelle le poids, est le résultat de la force attractive vers le centre de la terre. Les directions dans lesquelles ils chutent à des distances peu importantes, sont donc parallèles, et

comme il résulte de la loi que nous avons rappelée d'abord,
que l'action de chaque poids sur le poids opposé croît comme
croît la distance de son point de suspension au point d'appui:
et vu qu'il résulte de l'incursion dans la trigonométrie,
(l'action de P et celle de p étant parallèles à la verticale AB,)
que la distance de P et de p à AB $=$ (b ou B) cos.α, α étant
la mesure de l'angle que b et B font avec l'horizontale par le
pli de la tige C D devenue C'A D', il est évident que si P ou p
s'abaisse, la distance entre le point de suspension du poids
abaissé et AB diminuera, tandis qu'augmentera la distance
entre cette verticale AB, et le point de suspension de l'autre
poids, et que dès lors, les deux poids tendront à reprendre
leur position première, puisque l'action du poids abaissé
diminue, tandis que celle du poids qu'on a élevé augmente,
et dès lors qu'un résultat inverse se produira si le pli de
la tige place les points de suspension en C" et D". L'action du
poids qui dans ce cas s'abaisse croît, tandis que l'action du
poids opposé diminue, d'où la continuation du mouvement
devient spontanée.

Si la tige est droite, les distances de P et p à A B décroissent
proportionnellement, car alors b et B deviennent des rayons
dont le mouvement forme avec C D en A des angles égaux et
P b devenant P b cos.α p B devient p B cos.α, donc l'égalité
entre l'action des deux poids persiste, quel que soit l'an-
gle α.

Dans ce cas, de la tige restant droite, le point d'appui A
de l'appareil en *est le Centre de gravité.*

Pour les trois appareils différents, ce centre se trouve toujours en A B, mais dans le premier cas il est au-dessous du
point d'appui A (fig. 3), tandis que dans le troisième il est
au-dessus.

Quant au premier cas, l'effet signalé ne varie jamais;
l'équilibre est toujours stable quand le point d'appui ou de
suspension est au-dessus du centre de gravité du corps;
mais il en est autrement, parfois, pour le troisième cas.

Pour apprécier les variations de ce troisième cas, il faut observer quelles sont les lois primitives de la mécanique sur lesquelles sont basées celles des effets des bras de levier.

C'est par l'appareil qu'on désigne par le mot *mouffle* et que les marins appellent *palan*, que la loi de la mécanique se trouve exactement reproduite, si on considère les frottements dans ces appareils comme n'existant pas.

La loi véritable, celle qui est la base de la dynamique et dont l'application à la statique rend toujours les résultats de ces deux branches identiques, est que l'action des poids est proportionnelle à la vitesse de leurs mouvements verticaux, observation qui a conduit à l'adoption de l'unité désignée kilogramètre et qui est k 75 élevés à 1 m par seconde ou tous les équivalents.

En effet si P b = p B c'est que le mouvement que font ou tendent à faire P et p par rapport à la verticale, sont b sin.α et B sin.α, ce qui permet l'élimination de ce facteur commun, et, de cette considération, il résulte que si un appareil est disposé de manière que l'inclinaison, au lieu de permettre au centre placé au-dessus du point d'appui de se rapprocher de ce point, le contraigne à s'en éloigner, l'équilibre sera stable quoique le centre soit au-dessus du point d'appui. Ce résultat est celui qui se produit pour les corps flottants ; nous le reconnaîtrons plus tard.

Maintenant que nous avons constaté ce que le centre de gravité est et que sa position dans tous les corps dépend des poids des diverses parties qui les composent et de l'action que ces poids exercent par leurs positions, il est évident que, pour tous les corps homogènes, le centre de gravité est celui de leur figure, il est donc évident que les centres des volumes d'eau déplacée seront toujours ceux du volume qui les déplace, puisque l'eau est éminemment homogène et que dès lors la poussée verticale dont la force ascendante égale (voir le f° 25) le poids d'un volume d'eau égal à celui de la portion immergée du corps flottant, passera toujours par le centre de ce volume.

De toutes ces démonstrations, il résulte enfin que tous ceux qui auront pris la peine de les comprendre pourront apprécier l'exactitude de toutes les combinaisons sur lesquelles repose la construction de la formule, quand ils auront pris connaissance de l'indication suivante qui termine la série des démonstrations qu'il était indispensable de présenter.

On désigne par le mot *Moment* l'action d'un poids ou d'une force, c'est-à-dire le produit de ce poids ou de cette force par la longueur du bras de levier à l'extrémité duquel le poids ou la force exercent leur action. Ce qui reste à démontrer, c'est qu'alors que le moment des forces ou du poids d'une partie d'un corps quelconque n'égale pas le moment de la partie opposée, le quotient de la division de la différence par le poids total est le mouvement que le centre de gravité doit faire vers le côté dont le moment excédait, si les moments des deux côtés doivent devenir égaux.

Retournant à la fig. 3, ajoutons à l'un des poids, soit à p un poids quelconque p' nous aurons $P\,b < (p+p')\,B$ et l'excédant sera p'B mais nous aurons aussi $P\,(b+b') = (p+p')\,(B-b')$, b' étant l'inconnue à déterminer, mais $P\,b = p\,B$, donc retranchant ces deux quantités de l'équation il reste $P\,b' = p'\,B - (p+p')\,b'$ soit

$$p'B \text{ la différence} = (P + p+p')\,b'$$

$$\text{d'où } b' - \frac{p'\,B}{P+p+p'}$$

Ce qui est bien la différence entre les moments, divisée par le poids total, soit la différence des moments de volume divisée par le volume total, s'il s'agit de corps ou de fluides homogènes, ce qui permet le remplacement des moments de poids par des moments de volumes.

Procédons maintenant à la construction de la formule et pour le faire répétons-en l'expression.

$$\left[\frac{y^3}{3\,V} \times (2 + \overline{\mathrm{tang.}\ \alpha^3}) - (h \pm h')\right] \sin.\ \alpha = \text{couple} = C\,p.$$

Cette expression donne, en fonction des angles d'inclinaison, la distance entre les deux poussées qui produisent le flottement sur un prisme carré dérangé d'une position ou il flotte en équilibre : Elle ne cesse d'être applicable qu'alors que l'une des carres longitudinales du prisme traverse la surface du fluide. (Voir la Fig. 4.)

Signes :

y est la demi largeur du prisme, sa longueur x qui s'élimine à *priori* doit être $\gg$ y $\times \sqrt{?}$ condition de laquelle il résulte que l'axe par le centre du prisme et parallèle à ses carres longitudinales reste, ainsi que ces carres, horizontal dans toutes les positions que prend le prisme flottant dont le centre est à sa demi longueur. Sa hauteur z $= 2$ y.

V est le volume de la partie immergée du prisme, de son déplacement.

$h =$ la distance entre le centre $\circ$ du déplacement et la surface de l'eau.

$h' =$ la distance du centre g du corps au-dessus ou au-dessous de l'eau.

$\alpha =$ la mesure de l'angle de l'inclinaison que le corps prend.

Le volume qui s'immerge en plus du côté qui est abaissé quand le prisme prend ou subit l'inclinaison $\alpha = + \dfrac{y^2 \mathrm{tang.}\,\alpha}{2} \times x.$

et le volume qui s'émerge du côté opposé $= - \dfrac{y^2\ \mathrm{tang.}\,\alpha.\ x.}{2}$

Le centre de chacun de ces deux volumes est en $\dfrac{2}{3}$ y comptant de C soit de la demi largeur de la surface de flottaison du prisme et mesurant parallèlement aux y ex-horizontaux :

ces centres sont donc, en mesurant horizontalement d'une verticale par C, à $\frac{2}{3} \times y \left(\dfrac{\frac{1}{\cos.\alpha} + \cos.\alpha}{2} \right)$ or, $\cos.\alpha + \sin.\alpha \; \text{tang.}\alpha$

$= \dfrac{1}{\cos.\alpha}$ (voir f° 18).

ainsi $\dfrac{\frac{1}{\cos.\alpha} + \cos.\alpha}{2} = \cos.\alpha + \dfrac{\sin.\alpha \; \text{tang.}\alpha}{2}$

et chaque volume

$$\frac{y^2 \, \text{tang.}\alpha}{2} \times \pm y \times \left(\frac{2 \cos.\alpha + \sin.\alpha \, \text{tang.}\alpha}{3} \right) = M =$$

les moments de ce volume comptant de C et mesurant horizontalement : ainsi la somme des moments des deux petits volumes est $\dfrac{y^3}{3}$ tang. $\alpha \times (2 \cos.\alpha + \sin.\alpha \, \text{tang.}\alpha.)$

Ils sont l'un et l'autre positifs : le centre de $- \dfrac{y^2 \, \text{tang.}\alpha}{2}$ étant au côté opposé à celui où se trouve le centre de $+ \dfrac{y^2 \, \text{tang.}\alpha}{2}$ comptant de C : D'ailleurs, le volume immergé $\dfrac{y^2 \, \text{tang.}\alpha}{2}$ donne naissance à une poussée de bas en haut et le volume semblable et égal qui est émergé, naissance à une poussée égale s'exerçant de haut en bas.

Mais tang. $\alpha \times 2 \cos.\alpha = 2 \sin.\alpha$, ainsi la somme des moments $M = \dfrac{y^3}{3} \times \sin.\alpha + (2 + (\text{tang.}\alpha)^2)$

et O_α le centre du déplacement à l'inclinaison α se trouve

à $\dfrac{y^3}{3V} \sin.\alpha \times (2 + \text{tang.}\alpha^2)$

d'une verticale par l'ex-centre O (voir f° 18) x étant éliminé et V ne représentant qu'une surface dont le produit par x est le volume du déplacement.

Les moments des mêmes volumes mesurant de la surface de l'eau sont pour le volume immergé en plus

$$+ y^2 \frac{\text{tang.}\alpha}{2} \times - \frac{2}{3} y \frac{\text{tang.}\alpha}{2} \cos.\alpha = - y^3 \frac{\text{tang.}\alpha}{6} \sin.\alpha$$

et pour le volume émergé

$$-\mathrm{y}^2\ \frac{\text{tang. }\alpha}{2}\times+\frac{2}{3}\ \mathrm{y}\ \frac{\text{tang.}\alpha}{2}\ \cos.\ \alpha=-\mathrm{y}^2\ \frac{\text{tang. }\alpha}{6}\ \sin.\alpha.$$

Donc la somme de ces moments $m=-\mathrm{y}^2\ \dfrac{\text{tang.}\alpha\ \sin.\ \alpha}{3}$

Ainsi la distance de la surface de l'eau à o_α est augmentée

de $\qquad\qquad\qquad \dfrac{\mathrm{y}^3}{3\mathrm{V}}\ \text{tang.}\alpha\ \sin.\alpha$

car c'est par le signe — que sont désignées les mesures comptant de haut en bas et cette distance qui était h à l'inclinaison o devient

$$h+\frac{\mathrm{y}^3}{3\mathrm{V}}\ \text{tang.}\alpha\ \sin.\alpha\ \text{à l'inclinaison }\alpha$$

d'où o_0 devenant o_α s'abaisse de $\dfrac{\mathrm{y}^3}{3\mathrm{V}}\ \text{tang.}\alpha\sin.\alpha.$

Mais ce mouvement de o_0 devenant o_α étant vertical, il ne provoque aucune variation sur la distance entre les deux poussées verticales, l'une par o_0 l'autre par o_α; tandis que les poussées agissant toujours verticalement celle par g qui était $ah\pm h'$ au-dessus de o_0 se trouve portée à $(h\pm h')\sin.\alpha$ vers le côté qui est immergé en plus comptant de o et la distance qui sépare les deux poussées est bien, (voir f° 30)

$$(b)\qquad \mathrm{C}p=\frac{\mathrm{y}^3}{3\mathrm{V}}\ \sin.\alpha\times(2\times\overline{\text{tang.}\alpha^2})-(h\pm h')\sin.\alpha$$

Nota. Le même résultat s'obtient en prenant pour axes, auxquels on rapporte la position de o_α, les ex verticales et ex-horizontales par C. tracées sur la projection verticale transversale du corps, *voir la fig. 4 bis.*

En opérant ainsi les moments horizontaux sont :

$$\mathrm{y}^2\ \frac{\text{tang. }\alpha}{2}\times\frac{2}{3}\mathrm{y}\ \text{ et leur somme }M=\frac{2}{3}\ \mathrm{y}^3\ \text{tang.}\alpha$$

Les moments verticaux $m=+\dfrac{\mathrm{y}^3}{3}\ (\text{tang.}\alpha)^2$ et leur intro-duction est alors indispensable, la distance entre les poussées n'étant mesurée d'abord que parallèlement aux ex-horizontales.

D'où la distance de o_α à la verticale par $C=\dfrac{2}{3}\ \dfrac{\mathrm{y}^3}{\mathrm{V}}\ \text{tang.}\alpha.$

Tandis que la distance de ce centre à l'ex-horizontale aussi par C est $h - \dfrac{y^3}{3V}(\text{tang.}\alpha)^2$ et la distance entre les deux pous- *sées mesurées parallèlement aux ex-horizontales* $= \dfrac{2}{3}\dfrac{y^3}{V}\text{tang.}\alpha$ $- \left(h \pm h' - \dfrac{x^3}{3V}\text{tg.}\alpha^2\right)\text{tg.}\alpha$ soit $\dfrac{y^3}{3V} \times (2 + \text{tg.}\alpha^2) - (h \pm h')\text{tg. }\alpha$, car cette expression ne donne que la distance qui sépare l'incidence des deux poussées sur les ex-horizontales ; mais α étant l'angle de l'inclinaison, il suffit de multiplier tout le produit par cos.α, c'est-à-dire de substituer sin.α à tang.α pour transformer la mesure obtenue en la distance qui sépare les deux poussées et retrouver la formule b (f° 32).

Cette seconde manière d'opérer offre parfois des facilités quand il s'agit de formes variées comme celle des navires, qui exigent des sommations dont l'application à des prismes engendrés par une seule surface, dispense complétement.

Moyens de constater par des expériences faciles l'exactitude des résultats que l'expression indique.

Il résulte des explications (f° 24 et 25) sur la densité, que le déplacement d'un corps qui flotte sur de l'eau douce est le produit de son volume entier par sa densité, soit désignant le déplacement par V la densité par d et le volume total par $(m)^3$.

$$(m^3)\ d = V.\quad (1).$$

Ainsi pour le prisme carré $V = (2\,y)^2\,x \times d$

car $(m)^3 = (2\,y)^2\,x$ soit, éliminant x, $\dfrac{y^3}{3\,V} = \dfrac{y}{12\,d}$.

Ainsi l'expression b du f° 232 devient :

$$\left(\frac{y}{12\,d} \times (2 + \text{tang. }\alpha)^2 - (h \pm h')\right)\sin.\ \alpha.\ (1)$$

---

(1) Quelque soit le liquide, l'expression reste exacte si d est le rapport de la densité du corps à celle du fluide qui le porte, ainsi pour les corps flottant sur de l'eau de mer leur densité comparative $= d \times \dfrac{1{,}00}{1{,}03}$

et il devient alors très facile de constater dans quelles conditions le corps peut flotter immobile, c'est-à-dire rencontrer un équilibre stable car nous savons que ce résultat ne se produit que lorsqu'on a $\dfrac{(2 + \text{tang. } \alpha)^2}{12\,d} > (h \pm h')$.

Que $d = \dfrac{1}{2}$ et $h' = 0$, $\dfrac{y}{6\,d} = \dfrac{y}{3}$, $h = \dfrac{y}{2}$. Le 1er membre $= y \times \left(\dfrac{1}{3} + \dfrac{(\text{tang. } \alpha)^2}{6}\right) <$ que le second qui $= \dfrac{y}{2}$. En effet, le corps ne peut flotter immobile tant que son inclinaison ne donne pas à $\dfrac{(\text{tang.} \alpha)^2}{6}$ la valeur de $\dfrac{1}{6}$ soit tant que tang. α n'égale pas 1, c'est-à-dire tant que l'inclinaison n'est pas de 45° etc.

Pour obtenir l'équivalent de variétés de la densité des corps qui flottent en conservant leur axe longitudinal horizontal, il suffit de faire saillir à chacune de leurs extrémités une tige fine et horizontale et de charger ces deux tiges ou bien d'exercer sur elles une pression déterminée agissant de bas en haut.

Ce qui commande de donner à x une valeur $> (2\,y) \times \sqrt{2}$. c'est qu'alors que l'on a $Z = \dfrac{2\,y}{\sqrt{2}}$ le premier membre de l'équation reste $>$ le second, quelle que soit la valeur de α dans les limites posées (f° 30).

Enfin pour le prisme carré homogène dont la hauteur égale la largeur et dont la longueur excède la largeur $\times \sqrt{2}$, réintroduisant la longueur éliminée et faisant $x = 2$ fois la largeur $= 4\,y$, puis désignant la densité par d, le tirant d'eau, soit la profondeur de l'immersion $= 2\,y\,d$ et

1° y^2 devient $4\,y^4$ 2° $V = 2\,y \times y d \times 4\,y = 8\,y^2 d$. 3° $h = \dfrac{yd}{2}$ ainsi la dimension du couple devient 4°

$$\left(\frac{4\,y^4}{48\,y^2 d} + (2 + \text{tg.} \alpha^2) - \left(\frac{yt}{2} \pm h'\right)\right)\sin. \alpha = \left(\frac{y}{12d} \times (2 + \text{tg.} \alpha^2) - yd \pm h'\right)\sin \alpha$$

et le premier terme, le terme positif, devient $\dfrac{y}{12d} \times (2 + \text{tg.} \alpha^2)$

tandis que le second, le terme négatif, devient $- y \times (1 - d)$

car $h = \dfrac{2yd}{2} = yd$ et $+ h' = y - 2yd$ et $- h' = - (2yd - y)$.

L'expression devient donc couple $= y \times \left(\dfrac{2 + \text{tg.}\alpha^2}{12\,d} - (1 - d) \right)$ et elle donne les indications suivantes :

Tant que tang.α reste sans valeur, c'est-à-dire tant que le prisme reste deux côtés verticaux et les deux autres horizontaux, le terme positif reste $<$ que le négatif jusqu'à ce que la valeur de d devienne $< \dfrac{1}{4}$ ou $> \dfrac{3}{4}$ car pour que l'équilibre soit stable il faut que le premier terme $\dfrac{2}{12\,d}$ soit $>$ que le second $(1 - d)$, et ce résultat ne se produit que quand d devient $< \dfrac{1}{4}$ ou $> \dfrac{3}{4}$. En effet le prisme homogène carré ne flotte *sans inclinaison* qu'alors que sa densité est $< ,788675$ ou $> ,211325$,

Cette solution exige le recours à une équation du second degré et il faut indiquer ici le moyen de la résoudre.

La question qui se trouve posée est la détermination des valeurs de d qui rendent $\dfrac{1}{6d} > (1 - d)$, il faut donc déterminer les valeurs de cette inconnue qui donnent $\dfrac{1}{6d} = 1 - d$ d'où nous tirerons $\dfrac{1}{6} = d - d^2$ d'où $d^2 - d = - \dfrac{1}{6}$.

L'inconnue étant élevée à la deuxième puissance il faut extraire la racine de la quantité qui l'égale ; or cette quantité est négative et en outre sa racine contient $d - \sqrt{d}$ mais l'addition à chaque membre d'une quantité égale laisse ces membres égaux, il suffit donc de chercher quelle quantité ajoutée au premier membre en fera le produit de deux quantités semblables multipliées l'une par l'autre, et comme il résulte des lois de la multiplication que $(a-b)$ fois $(a-b)=a$ fois $a-a$ fois $b=a^2-ab$ et $-b$ fois $(a-b)=-ba+b^2$ d'où $(a-b)^2=a^2-2\,ab+b^2$. Il en résulte qu'en ajoutant à d une quantité qui multipliée par $2=-1$ le produit de $d+$ cette quantité élevée au carré sera d^2-d. Ici cette quantité est

$-\dfrac{1}{2}$ car $\left(d-\dfrac{1}{2}\right)$ fois $\left(d-\dfrac{1}{2}\right)=d^2-\dfrac{2}{2}d$; mais ce carré contient

en outre $\left(-\dfrac{1}{2}\right)^2=+\dfrac{1}{4}$ ainsi en remplaçant d^2+d par $\left(d-\dfrac{1}{2}\right)^2$

nous ajoutons au premier membre $+\dfrac{1}{4}$ qu'il faut ajouter

aussi au second et l'expression devient

$\left(d-\dfrac{1}{2}\right)^2=\left(-\dfrac{1}{6}+\dfrac{1}{4}=\dfrac{1}{12}\right)$ ainsi $d-\dfrac{1}{2}=\sqrt{\dfrac{1}{12}}$ car $d-\dfrac{1}{2}$ est la

racine du premier membre, donc $d=\dfrac{1}{2}-\sqrt{\dfrac{1}{12}}$ mais la racine

de $\sqrt{\dfrac{1}{12}}=\dfrac{1}{\sqrt{12}}$ c'est-à-dire le nombre qui multiplié par lui-

même produit $\dfrac{1}{\sqrt{12}}$ donne ce même produit alors qu'il est

négatif comme alors qu'il est positif car $-a\times-a=+a^2$ comme $+a\times+a$ et il en résulte que la valeur de d est

$\dfrac{1}{2}\pm\sqrt{\dfrac{1}{12}}$ et ce même résultat se rencontre pour toutes les

équations du second degré dont la résolution exige de plus que l'inconnue élevée à la seconde puissance soit dégagée de tout facteur, ce qu'on obtient en multipliant toutes les autres quantités par le facteur de cette inconnue renversé soit

$\dfrac{1}{a}$ si le facteur de d^2 est a; quant aux facteurs de $a^2=-a$ ou

$+a$ il ne faut pas les confondre avec $-a\times+a$.

Il peut arriver que la valeur du premier membre rendu, un carré $=$ une valeur négative, ce qui rend sa racine impossible numériquement. On a désigné ces racines par le mot *imaginaires* et elles ont donné naissance à de longues dissertations ; mais ici il suffit de prévenir que la rencontre de ce cas annonce ou une question mal posée ou l'introduction de quantités < 1, privées de leur dénominateur, c'est-à-dire indiquées en décimales par la seule position de la virgule.

C'est ensuite par l'introduction des diverses valeurs que l'inclinaison donne à $(\text{tang.}\alpha)^2$ qu'on trouve toutes les positions dans lesquelles le prisme rencontre un équilibre stable.

Nous devons toutefois, afin de suivre la voie qui conduit vers le but que nous poursuivons, ne plus nous occuper du prisme homogène mais revenir à l'expression b du f° 32 afin d'en tirer le résultat suivant.

Moyen de déterminer la position du centre de gravité d'un corps flottant en se servant de la formule qui donne la distance que prennent, quand le corps s'incline, les deux poussées, l'une par le centre de gravité du corps, l'autre par le centre de leur déplacement.

$$\text{soit} \left(\frac{y^2}{3\,V} \times (2 + \text{tang. } \alpha)^2 = (h \pm h') \right) \sin.\alpha = \text{couple,} = cp.$$

La valeur des signes a été donnée à l'explication sur la construction de cette formule (f° 30) ; la Constante x, dimension de la longueur du prisme, étant éliminée *à priori* V, représente une surface dont le produit par x est le volume immergé.

P étant le poids du corps, la valeur du couple sur lequel ce poids agit devient

$$ P \times \left(\frac{y^3}{3\,V} \times (2 + \tan \alpha)^2 - (h \pm h') \right) \sin \alpha. $$

Si on impose par deux poids égaux, agissant l'un et l'autre aux extrémités des y opposés, l'un de haut en bas, l'autre de bas en haut, au moyen d'une bascule à bras égaux aux y, une inclinaison quelconque dont nous continuerons à désigner la mesure par α : le volume du déplacement total n'aura pas varié et nous connaîtrons, désignant par p et p' les deux poids appliqués par lesquels nous aurons créé un couple dont la longueur $= 2\,y \cos \alpha$ et dont la valeur est $2\,y \cos \alpha$ p puisque $p = p'$; que ce couple provoque l'inclinaison α dont nous aurons constaté exactement la mesure par un fil à plomb et en alternant l'expérience d'un côté à l'autre.

Mais $\left(\frac{y^3}{3\,V} \times (2 + \tan \alpha)^2 - (h \pm h') \right) \sin \alpha$ est un autre couple sur lequel s'exerce la force des deux poussées égales au poids du corps P et dont la valeur est la résistance que le prisme oppose aux efforts tendant à le faire incliner et que nous avons faits $p\,y + p'y$ devenus $p\,y \cos \alpha + p'y \cos \alpha = 2\,y \cos \alpha\,p$.

Ainsi l'inclinaison obtenue par ces pressions démontre que $2\,y \cos \alpha\ p = \left(\frac{y^3}{3\,V} \times (2 + \tan \alpha)^2 - (h \pm h') \sin \alpha \right) P$. Equation dans laquelle la seule variable est h' et de laquelle nous tirons :

1° Vu que $\dfrac{\cos \alpha}{\sin \alpha} = \cotan \alpha$

$$ p\,y \cotan \alpha = P \left(\frac{y^3}{3\,V} \times (2 + \tan \alpha)^2 - h \right) \pm P\,h' $$

2° $\dfrac{p\,y \cotan \alpha - P \times \left(\frac{y^3}{3\,V} \times (2 + \tan \alpha)^2 - h \right)}{P} = \pm h'.$

$$3^o \; + \frac{p}{P} \, \text{cotang.} \alpha - \left(\frac{y^3}{3V} \times (2 + \text{tang.} \alpha^3) - h \right) = \pm \, h'$$

$$\text{et enfin} = \frac{p}{P} \, \text{cotang.} \alpha + h - \frac{y^3}{3V} \times (2 + \text{tang.} \alpha^3).$$

La position de g est donc déterminée, car $\pm\,h'$ est la distance de ce point au-dessus ou au-dessous de la surface de l'eau et le prisme étant symétrique, g reste sur le plan *VL* diamétral dont la projection sur les *Fig. 4* est AC, tandis que la position dans laquelle le corps flotte en équilibre donne la *Vt* sur laquelle g est placé, cette *Vt* étant celle sur laquelle le centre du déplacement se trouve, et pour le prisme homogène elle est à $4\,\frac{y}{2}$

Les modifications que l'application de la formule aux formes variées des carènes de navire réclame, ne change rien au résultat obtenu : toutes les modifications ne portant que sur le terme $\frac{y^3}{3V} \times (2 + \text{tang.} \alpha)^2$. On le reconnaîtra plus loin (1), où nous aurons à revenir sur ces démonstrations pour indiquer les moyens de rendre la même expression applicable à la détermination du centre de gravité des navires.

Mais pour indiquer ces modifications et en expliquer la cause, il faut retracer d'abord les moyens les plus simples de déterminer le volume du déplacement, soit de la partie immergée des carènes.

---

(1) La note du f° 6 commande l'addition de celle-ci. Tant que les pressions par lesquelles on crée un couple destiné à égaler un autre couple dont la dimension et les pressions sont déterminées, *si les quatre pressions agissent parallèlement, leurs efforts restent proportionnels à la dimension des couples* et on a pour les couples comme pour les bras de levier P, $cp. = p. C p.$

CUBATURE DES CARÈNES.

Considérons comme opérant une section de la partie inférieure de la carène, un plan horizontal auquel nous donnerons le N° 0 soit le N° a qui passera à l'intersection d'une
verticale par l'extrémité de la surface de flottaison avec le
prolongement d'une ligne droite par la rablure de la quille.
(Voir la fig. 5 bis).

Le volume inférieur à ce plan ne sera que celui qui est
engendré par la différence des tirants d'eau Ar et Av plus la
quille, nous le cuberons séparément ensuite.

Divisons la partie de la carène supérieure à ce plan en
tranches d'épaisseurs égales par d'autres plans horizontaux,
N°ˢ 1, 2, 3, etc. soit b, c, d, etc., dont le dernier sera par la
surface de l'eau et dès lors contiendra la surface de flottaison
et désignons ces plans horizontaux h par les lettres h h h etc.
$_a$ $_b$ $_c$

Divisons aussi toute la carène en tranches verticales transversales par des plans équidistans et en nombre impair, que
nous désignerons par la double lettre Vt et dont celui placé
à la demi longueur de la surface de flottaison portera le N° 0
les antérieurs comme les postérieurs prendront lesN°ˢ 1, 2, 3,
4, etc., les postérieurs ceux à la suite du N° 0 étant distingués
par un point placé audessus de chaque numéro. Ces derniers
appartiendront à la partie d'Av qu'on place à droite sur les
plans de navires, sur lesquels il est aussi conforme aux
usages de donner le N° 0 à la section Vt qui sépare la partie
d'Av de la partie d'Ar.

Il est avantageux et presque indispensable de placer les
sections verticales transversales les Vt de manière que les
deux subdivisions extrêmes, soit l'épaisseur de la première et
de la dernière tranche Vt égalent, sur la surface de flottaison,
les autres subdivisions. Nous désignerons la distance entre

les Vt par petit x pour éviter le signe Δx composé des deux lettres qu'on emploie pour le calcul des différences finies.

Les navires étant symétriques par rapport à un plan vertical longitudinal VL sur lequel se trouve leur section diamétrale, plan dont la projection sur la fig. 5 est la droite AB, on ne trace qu'un seul de leurs deux côtés et, dans tout ce qui va suivre, les *ordonnées, surfaces, volumes, moments, ne sont que des moitiés*, les suppressions particulières des facteurs $\frac{1}{2}$ engendrant souvent des erreurs : tantôt on les supprime deux fois, tantôt on croit les avoir supprimés sans l'avoir fait.

Le produit de la moitié de deux ordonnées subséquentes par la distance qui les sépare èst l'aire du trapèze qu'elles circonscrivent, et comme la moitié d'une des ordonnées du 1er trapèze figure en suite dans l'évaluation du trapèze suivant, si nous désignons les ordonnés par des y, lettre habituellement affectée à cette désignation, nous tirerons l'aire d'une surface de l'addition de tous ses y moins la moitié des deux extrêmes multipliée par $x =$ distance entre chaque ordonnée. *Fig.* 6.

Dans le type du calcul annexé, le nombre des sections est assez restreint, tandis que plus on l'augmente plus on approche d'une exactitude rigoureuse. Mais le but de cette étude est de vulgariser les moyens d'atteindre les résultats poursuivis et non de les rendre, comme cela doit être pour les applications, le plus approchés que faire se peut d'une exactitude rigoureuse et, en réduisant le nombre des cotes qui figurent dans les évaluations, on rend le mécanisme de l'opération plus facile à vérifier et à saisir, tandis qu'une fois qu'il est bien compris l'exécution en devient aussi facile avec un nombre double ou triple de sections qu'avec leur nombre réduit à 5 Vt pour l'arrière et autant pour l'avant et au même nombre pour les sections horizontales les h.

APPLICATION.

Réduisant à 5 le nombre des sections, horizontales h que nous désignons par $h\; h\; h\; h\; h\; h$: h sera la surface de flottaison ; fixons à 11 le nombre des sections Vt que nous désignerons par :

$$Vt\quad Vt\quad Vt\quad Vt\quad Vt\quad Vt\quad \dot{Vt}\quad \dot{Vt}\quad \dot{Vt}\quad \dot{Vt}\quad \dot{Vt}$$

Chaque ordonnée est commune à deux sections à une h et à une Vt, sa désignation exige donc deux signes, les y de la surface de flottaison h seront donc tous désignés par les lettres $\underset{f}{y}$ ceux de la surface horizontale inférieure h par les lettres $\underset{e}{y}$ et ainsi de suite et l'aire de la surface de flottaison sera :

$$\left(\underset{f5}{y} + \underset{f4}{y} + \underset{f3}{y} + \underset{f2}{y} + \underset{f1}{y} + \underset{f0}{y} + \underset{f1}{\dot{y}} + \underset{f2}{\dot{y}} + \underset{f3}{\dot{y}} + \underset{f4}{\dot{y}} + \underset{f5}{\dot{y}} - \frac{\left(\underset{f5}{\dot{y}} + \underset{f5}{y} \right)}{2} \right) + x.$$

$$\text{soit} \left(\Sigma_{f} y - \frac{{}_{f}\dot{y}_{5} + {}_{s}\dot{y}_{5}}{2} \right) x.$$

Il résulte de cette observation que si on inscrit sur une même ligne la mesure de chaque $\underset{f}{y}$ en suivant l'ordre des N^os de 5 prem. *Ar* à 5 dern. *Av*, puis sur la ligne suivante la mesure des $\underset{e}{y}$ en plaçant chaque numéro semblable sur une même colonne et chaque lettre semblable sur une même ligne, l'addition de chaque ligne moins la moitié de la première et de la dernière cote multipliée par $(x = \Delta X)$ sera l'aire de chaque h tandis que l'addition de chaque colonne moins la moitié de la première et de la dernière somme multipliée par $(z = \Delta Z)$ sera l'aire de chaque Vt.

Mais la moitié de la somme de l'aire de deux surfaces multipliée par la distance qui les sépare, est le volume contenu entre ces deux surfaces quand l'une de leurs deux dimensions principales est égale, ainsi :

$$\left(\Sigma\, Vt - \frac{\left(V t + V t \right)}{2} \right) x = \text{le volume contenu entre l'} h \text{ et l'} h$$

et la Vt et la $\dot{V}t$.

Une sommation semblable des $h \times z$ donne le même volume.

Enfin, chaque $Vt =$ l'addition de la colonne de son n⁰ moins la moitié de la première et de la dernière somme de cette colonne, ainsi la somme des additions de toutes les colonnes moins la moitié de la somme de la première et de la dernière ligne $\times z =$ la somme des Vt, et comme la somme des Vt moins la moitié des deux Vt extrêmes $\times x =$ le volume, cette somme des $Vt =$ la somme de tous les $y \times z$ — la moitié des sommes des y et des y, il en résulte que le volume Vt contenu entre les quatre plans extrêmes deux horizontaux et deux verticaux transversaux.

$$v\,1^{\circ} = \left(\Sigma\, y - \frac{(\Sigma\, y + \Sigma\, \dot{y} + \Sigma\, y\, \Sigma\, y)}{2} + \frac{y + \dot{y} + y + y}{4} \right) x z.$$

Voir le type des calculs de cubature.

Les 4 ordonnées extrêmes ajoutées par le troisième terme se trouvent supprimées par le second où elles figurent deux fois pour moitiés, l'une dans la somme des colonnes extrêmes, l'autre dans celle des lignes extrêmes, tandis qu'elles ne doivent figurer dans l'une ou l'autre de ces sommes que

pour la moitié de leur moitié $= \dfrac{1}{2} + \dfrac{1}{4} = - 1 + \dfrac{1}{4}$

Nous désignerons le cube de ce qui précède par $v\,1^{\circ}$.

Les x extrêmes de la surface de flottaison étant égaux aux autres, les abscisses extrêmes, les x 5ᵐᵉ peuvent et doivent devenir $< x$ sur les h inférieures, vu la quête qu'on peut donner à l'étambot et l'élancement de l'étrave, mais la réduction que fait subir à chacune des h inférieures à la surface de flottaison, la réduction de la longueur de ses subdivisions extrêmes n'est que le produit de la moitié de chacune de deux ordonnées, l'extrême et la pénultienne, par cette réduction : la transformation de ces différences en volume est donc facile puisqu'il suffit de sommer ces différences suivant les indications qui précèdent et de multiplier leur somme par z. Observant pour cette sommation que la première surface qui est sur l'h_f ou se trouve l'origine du volume, $= 0$.

Nous désignerons le cube de ce volume qui est à déduire par v 2°.

Toutefois l'évaluation de ce volume présente un excédant très exigu il est vrai et dont on ne tient pas compte ; mais dont je dois expliquer l'origine, ce qui permettrait de l'évaluer ; d'ailleurs les mêmes circonstances se rencontreront plusieurs fois.

La longueur des trapèzes, subdivisions extrêmes des h inférieures à l'h_f, diminuant, la réduction de la surface de ces trapèzes est :

1° Un petit parallélogramme dont l'aire, pour l'h_e du type adopté, $= y_{e^5} \times (x_e - x_e)$ x étant la longueur réduite de la dernière subdivision.

2° Un petit triangle dont la fig. 6 donne la forme et dont est $x_e - x$ sa base $\times y_{e^4} - y_{e^5}$ sa hauteur $\times \frac{1}{2}$.

La partie du volume à déduire engendrée par le parallélogramme est exactement $y_{e^5} \times (x_e - x) \times \frac{z}{2}$: car dans le type adopté $y_{e^5} = y_{e^5}$; mais une partie du petit volume que le triangle engendre n'est qu'une pyramide dont le volume est le tiers du produit de sa base par sa hauteur tandis que, dans l'ex-pression $\dfrac{y_{e4} + y_{e5}}{2} \times (x - x_e) \times \dfrac{z}{2}$ le produit de la base de cette pyramide n'est affectée que du cœfficient $\frac{1}{3}$. L'excédant est très exigu, la base de la pyramide l'est déjà, et l'excédant n'est que $\frac{1}{2} - \frac{1}{6} = \frac{1}{3}$ de cette base $\times z$. En voici cependant l'évaluation :

Sur la *fig*. 6 le petit triangle est divisé par une droite per-pendiculaire à l'axe longitudinal et qui passe par l'extrémité de x_e qui est aussi celle de la base du triangle. C'est le rec-tangle formé par cette droite qui n'engendre qu'une pyra-mide. Si on voulait déterminer l'aire de ce petit rectangle, il suffirait, désignant sa base par b, de remarquer qu'elle est celle de deux triangles dont les longueurs réunies $= x$ et dont les aires sont (voir f° 44)

$$(x - x_e) \times \dfrac{y_{e4} - y_{e5}}{2} \text{ ainsi } b = \dfrac{(x - x_e \times (y_{e4} - y_{e5})}{x}$$

Quand on a $y_{e5} > y_{f6}$ il en résulte une autre petite pyramide dont la base est $\dfrac{x - x}{2} \times z$ et la hauteur $y_{f6} - y_{e5}$ Mais ces excé-dants sont si exigus qu'on ne peut pas en tenir compte.

Il reste, pour compléter le volume du déplacement, celui de la saillie de l'étrave v 3°, car dans le type adopté afin de prévoir à peu près tous les cas, l'extrémité de l'Av excède la Vt et la longueur de la dernière subdivision des h_e est $> x$.

v 4° Le volume de la partie de la carène qui se trouve au-dessous de l'h.

v 5° Celui de la saillie de la quille, et enfin

v 6° Celui de l'immergé du gouvernail.

---

v 3°. Le cube de la partie qui excède la Vt_5 s'obtiendra par les moyens indiqués pour obtenir celui de v 2° que nous avons déduit de l'Ar vu la quête de l'étambot. Désignant par $\overset{.}{x}'_{f5}$ $\overset{.}{x}'_{e5}$ $\overset{.}{x}'_{d5}$ etc., les excédants de la Vt_5 sur chaque h la surface à ajouter à la subdivision extrême de l'h_f sera

$$\overset{.}{x}' \times \frac{y_{f5} + y_{f4}}{2},$$ celles à ajouter à la dernière subdivision de l'h_d

sera $\overset{.}{x}'_d \times \dfrac{y_{d5} + y_{d4}}{2}$ et ainsi de suite pour toutes les h.

Le volume à ajouter sera donc la somme de ces surfaces supplémentaires, moins les moitiés des deux extrêmes, multipliés par z.

Ici je crois convenable de poser la convention suivante :

Dans toutes les sommations transformant les ordonnées en surfaces ou les surfaces en volumes, les deux mesures extrêmes sont affectées du facteur $\frac{1}{2}$, convenons donc, pour abréger, que la lettre Σ que nous désignerons par le signe Σ' indiquera, sans autre mention, que les deux cotes ou mesures extrêmes ne devront figurer dans la somme que pour leurs moitiés $\Sigma'a = \Sigma a - \dfrac{(a_o + a_n)}{2} \Sigma' b = \Sigma b - \dfrac{(b_o + b_n)}{2}$ etc.

Cette règle n'exige pas d'exception pour les extrêmes qui sont o, la moitié de o ne pouvant être que o.

C'est aussi en sommant les surfaces sur chaque Vt de la partie de la carène inférieure à l'h_α, que nous obtiendrons le cube v 4° de cette partie ; mais la hauteur de chaque surface varie et la seule abréviation à obtenir, si la quille est droite, consiste à diviser, par des plans horizontaux, la différence du tirant d'eau arrière et avant en un nombre de tranches égal à celui des $Vt - 1$, car désignant l'épaisseur de chaque tranche par z' et la $\frac{1}{2}$ des épaisseurs à la rablure de la quille par y_q on obtiendra chaque surface dont la première sur y_s est o, en multipliant $\frac{{}^aY_4 + {}^qY_4}{2}$ par 1, $\frac{{}^aY_3 + {}^qY_3}{2}$ par 2, $\frac{{}^aY_2 + {}^qY_2}{2}$ par 3, $+$ etc. donc

$$\Sigma' \left(o + \frac{{}^aY_4 + {}^qY_4}{2} + \frac{{}^aY_3 + {}^qY_3}{2} + \frac{{}^aY_2 + {}^qY_2}{2} \times 3 + \frac{({}^aY_1 + {}^qY_1)}{2} \times 2, + \&^a \right) \times z'x$$

sera le volume de la partie de la carène inférieure à l'h_a et supérieure à une droite par la rablure de la quille.

v 5° La cubature de la quille, (toujours la demie) est des plus faciles, sa forme étant, sauf les réductions d'épaisseur à l'Ar et à l'Av engendrée par des droites, et il suffira pour en obtenir le cube de multiplier par x la somme des surfaces de la saillie de la quille sur chaque Vt.

6° La partie immergée du gouvernail est, sauf son périmètre d'Ar, engendrée par des droites; sa cubature est donc facile. Il suffira de constater pour sa partie inférieure à l'h_a l'aire de sections par des plans horizontaux dont le premier sera au-dessous de l'h à une distance z_a et les suivants si il y a lieu à la même distance les uns des autres car désignant ces aires par s_f s_o s_d etc. s s_a etc. le volume sera $\Sigma'\, s\, z_1$

Pour l'extrémité inférieure à la dernière surface séparée de la précédente; par z, on la cubera séparément elle sera $\frac{s + s}{2}\, z'$.

CENTRE DE GRAVITÉ DU DÉPLACEMENT.

Le cube du déplacement étant obtenu il faut déterminer la position du centre de ce volume, centre qui est le centre de gravité puisque l'eau déplacée est homogène. Ce centre est le point d'intersection de trois plans l'un vertical longitudinal VL, l'autre vertical transversal Vt, le troisième horizontal h.

Le premier est le plan diamétral puisqu'il divise le navire en deux parties égales et semblables et qu'il est vertical quand le navire flotte droit.

Pour déterminer la position des deux autres il faut se rappeler que le cube v d'une tranche d'un volume quelconque opérée par deux plans parallèles et subdivisée ensuite par des plans perpendiculaires aux deux premiers, $v = \Sigma' s z x$, si z est l'épaisseur de la tranche, x la distance entre les plans perpendiculaires aux deux premiers, et $s_0 \, s_1 \, s_2$ les surfaces des sections par ces plans, si enfin les deux premiers plans sont égaux en longueur. Or, chaque subdivision d'une tranche dans les conditions qui viennent d'être indiquées ne contient, si les périmètres de ses côtés sont considérés comme engendrés par des droites, que 1° un prisme engendré par la surface maxima que peuvent contenir l'une et l'autre des deux s subséquentes (*voir la fig.* 8) et 2° et 3° des volumes engendrés par le complément de chacune de ces deux surfaces, volumes composés de rectangles parallèles aux deux premiers plans et dont les longueurs égalent toutes x tandis que leurs bases se trouvent sur les surfaces résultant des sections opérées par les plans perpendiculaires aux deux premiers. Ainsi désignant par s'_1 la plus grande surface que peuvent contenir s_0 et s_1. Le volume 1° sera $s'_1 x$ et son mo-

ment sera $\dfrac{s'_1 x^2}{2}$ puis $\dfrac{s_0 - s'_1}{2}$ sera la somme M' des bases des rectangles qui ont chacun de longueur x. Le volume 2° engendré par ces rectangles cubera donc $\dfrac{s_0 - s' x}{2}$ et le moment de ce volume comptant de s_0 sera $\dfrac{s_0 - s' x}{2} \times \dfrac{x}{3} = \dfrac{(s_0 - s') \times x^2}{6}$

Le même résultat se produit pour $s_1 - s'_1$ sauf que le moment du volume 3° qui $= \dfrac{s_1 - s'_1}{2} x$ est $\dfrac{s_1 - s'_1}{2} x \times \dfrac{2}{3} x$ comptant de s_0 soit $\dfrac{(s_1 - s'_1) \times x^2}{3}$; mais en sommant les valeurs des moments des 3 subdivisions du volume $= \dfrac{s_0 + s_1}{2} x$ qui sont :

$$1° \ \frac{s' x^2}{2} \quad 2° \ \frac{s_0 - s'_1}{2} \frac{x^2}{3} \quad 3° \ \frac{s_1 - s'_1}{2} \times \frac{2}{3} x^2 \text{ il vient :}$$

$$x^2 \times \left(s' \times \left(\frac{1}{2} - \left(\frac{1}{6} + \frac{2}{6} \right(= 0 + s_0 \times \frac{1}{6} + s_1 \times \frac{2}{6} \right)$$

et en continuant à appliquer la même évaluation aux volumes qui se succèdent entre s_1 et s_2 puis entre s_2 et s_3 etc., on trouve que le moment de tous ces volumes M.

$M = s_0 \times \dfrac{1}{6} + s_1 \times 1 + s_2 \times 2 + s_3 \times 3 +$ etc. Sauf le dernier s_n dont la surface extrême, ne figurant pas dans un volume postérieur $= s_n \times \dfrac{(3n-1)}{6}$

soit en donnant à la sommation la forme qui résulte de Σ'.

$$(c) \quad M = \left(\Sigma' \frac{s_0}{3} + 1 s_1 + 2 s_2 + 3 s_3 + \text{etc.} + \frac{s_n (3n-1)}{3} \right) x^2$$

Mais chaque Vt de la partie principale du volume du déplacement v 1° est une surface dans les conditions indiquées pour les $\underset{0}{S}\ \underset{1}{S}\ \underset{2}{S}$ etc. ainsi mesurant de la $\underset{0}{V}t$ les

moments $m\,1^o$ de la partie d'Ar pour le type sont :

$$m\,1^o = \Sigma' \left(\underset{0}{V}t \times \frac{1}{3} + \underset{1}{V}t \times 1 + \underset{2}{V}t \times 2 + \text{etc.} \times \underset{s}{V}t \times \frac{14}{3} \right) x^2$$

et les moments de la partie d'Av sont :

$$\dot{m}\,1^o = \Sigma' \left(\underset{0}{V}t \times \frac{1}{3} + \underset{1}{\dot{V}}t \times 1 + \underset{2}{\dot{V}}t \times 2 + \text{etc.} + \underset{s}{\dot{V}}t \times \frac{14}{3} \right) x^2.$$

Quant aux moments des petits volumes $v\,2^o$ à déduire de l'Ar et $v\,3^o$ à ajouter à l'Av il faut remarquer qu'il résulte des démonstrations du f° 29 que si le moment d'un volume est calculé par la distance à laquelle les centres des diverses parties composant ce volume sont d'un plan placé à l'origine de ce volume, la distance du plan par le centre de ce volume à celui d'où son moment a été calculé $=$ le quotient du moment entier par le volume, d'où il résulte que le moment du petit volume $v\,2^o$ comme du petit volume $v\,3^o$ calculé de l'une des deux Vt entre lesquelles le petit volume se trouve étant divisé par ce v donne la distance du plan par son centre à la Vt d'où le moment a été calculé. Quant au moment de ces v calculé de la $\underset{0}{V}t$, on l'obtiendrait en multipliant le petit v par la distance entre la $\underset{0}{V}t$ et le plan par son centre ; mais on évite presque toujours ces deux dernières opérations.

Pour les moments des petits volumes $v\,2^o + v\,3^o$, nous prendrons le produit par z de la somme Σ' du moment de chacune des surfaces horizontales sur les h surfaces, dont la somme Σ' multipliée aussi par z nous a donné le volume $v\,1^o$ renvoyant pour les petites différences aux observations du f° 44.

Pour $v\,2^o$, dont le moment doit être négatif puisque $v\,2^o$ est déduit, la première surface, celle sur l'$\underset{f}{h}$ comptant de haut en bas $= 0$. La seconde, celle sur l'$\underset{e}{h}$, se compose, f° 45 :

$$- 51 -$$

4° du parallélogramme $(x - x_o)\, {}_e y_5$, soit désignant $x - x_o$ par

$$x'_e = x'_o\, {}_e y_5,$$ dont le centre comptant de la $V_5 t$ est a $x'_o \times \frac{1}{2}.$

2° du triangle $\dfrac{x - x_e}{2}\, ({}_e y_4 - {}_e y_5)$ soit $\dfrac{x'}{2}\, ({}_e y_4 - {}_e y_5($ dont le centre

comptant ut supra est à $\dfrac{x'_e}{2} + \dfrac{x - \dfrac{x'_e}{2}}{3} = \dfrac{x + x'_e}{3}$

Mais la distance de la $V_o t$ à la $V_5 t = 5\,x$ ainsi le centre du

parallélogramme est de la $V_o t$ à $5\,x - \dfrac{x'_e}{2}$ et celui du triangle à

$$5\,x - \frac{x'_e + x}{3} = \frac{14\,x - x'_e}{3} :$$ d'où le moment du parallélo-

gramme comptant de la $V_o t = x'_e\, {}_e y_5 \times (5\,x - \dfrac{x'_o}{2}$ et celui du

triangle comptant de même $= x'_e \times \dfrac{({}_e y_4 - {}_e y_5)}{2} \times \dfrac{14\,x - x'_e}{3}$

soit ensemble $- \dfrac{(14\,x x'_e - x'_o)^2}{6}\, {}_e y_4 + \dfrac{(16\,x' x'_c + 2\,x'^2_c)}{6}\, {}_e y_6$

La valeur de x est constante.

L'abréviation qu'on obtient par cette expression est la
seule que je trouve : les ${}_e y_4$ subissent des variations sans loi
et la division de chaque trapèze en un parallélogramme et
un triangle complique sans abréger, quoique l'égalité des y_5
du type permette d'obtenir, par une sommation directe, le
moment du volume engendré par ces parallélogrammes.

Pour le moment du v 2° l'étambot étant droit les x' qui
pour l'h sont o, étant pour l'h x' sont par l'h $2\,x'$ pour l'h $3\,x'$etc.

et l'expression devient pour chaque surface, n étant le facteur de chaque x'

$$- \left(\frac{14\, x\, n\, x' - n^2 x'^2}{6} \right) {}_n y_4 \; + \; - \left(\frac{16\, x\, n\, x' + 2\, n^2 x'^2}{6} \right) {}_n y_5$$

Pour la sommation Σ' de ces moments de surfaces qui seront multipliées par z, l'origine du volume qui est placé en h est o et la dernière subdivision de la hauteur totale reste $>$ ou $<z$; on la néglige d'abord et on en tire ensuite le cube et le moment par une opération spéciale dont la construction est expliquée par ce qui précède.

Pour le v 3° les indications qui précèdent ne réclament que les modifications suivantes. Les x' sont les longueurs audelà de la Vt et il en résulte 1° que le centre de chaque parallélogramme comptant de la $Vt \times$ est a $5\,x + \frac{x'}{2}$ 2° que le centre de chaque triangle de la forme indiquée fig. 6 est comptant de la Vt

$$Vt \; \text{à} \; 5\,x + \left(\frac{x'}{2} - \frac{x + \frac{x'}{2}}{3} \right) = 5\,x - \frac{x - x'}{3} = \frac{14\, x \times x'}{3}$$

cé qui ramène à l'expression du moment de v. 2° sauf que les seconds termes des deux facteurs sont positifs et que le premier multiplicande de x' est positif aussi ; mais le champ d'Av des étraves étant rarement droit chaque x' est l'objet d'une côte à relever graphiquement. Enfin le tirant d'eau étant presque toujours $Ar > Av$ les divisions de la hauteur par z ne laissent pas d'excédent. Ainsi le moment m 3° de la surface sur l'h est

$$m\, 3° = {}_f y_5 \times \frac{16\, x\, x' + 2\, (x')^2}{6} + {}_f y_4 \times \frac{14\, x\, x' + (x')^2}{6}$$

et la même expression donne le moment des autres surfaces en y substituant les $_s y$ $_s y$ v x' de chaque surface.

«— 53 —

v 4° Les considérations qui précèdent s'appliquent à la transformation de ce volume en moments car chaque surface est un trapèze placé sur chaque V*t* et la hauteur de chaque trapèze est (voir le f° 47) z' *n*, *n* n'étant le n° de la V*t* en comptant de la V*t* 5 sur laquelle la surface $=0$, il n'y a donc à appliquer à chaque trapèze $\frac{_ay + _qy}{2} z' n$ que la règle du f° 249 qui donne l'expression du moment, ainsi pour le type le moment de la partie de *v* 4° *Ar* de V*t*.

$$m\,4° = \Sigma' \left[(_ay_0 + _qy_0) \times 5, \times \frac{1}{3} + (_ay_1 + _qy_1) \times 6 + (_ay_2 + _qy_2) \times 7 \times 2 + \text{etc} \right.$$

$$\left. + (_ay_5 + _qy_6) \times 10 \times 5 \right) \times \frac{z'}{6} \times x^2$$

et l'autre partie de ce petit volume

$$\dot{m}4° = \Sigma' \left[(_ay_0 + _qy_0) + 5 \times \frac{1}{3} + (_a\dot{y}_1 + _q\dot{y}_1) \times 4 + (_a\dot{y}_2 + _q\dot{y}_2) \times 3 \times 2, + \text{etc.} \right.$$

$$\left. + (_ay_6 + _qy_6) \times 0, \right) \times \frac{z'}{6} x^2.$$

Il est bon de remarquer que la surface extrême d'un volume quand elle $= 0$ peut être un point ou une ligne et qu'il résulte de ces deux conditions une différence pour le volume et le moment. Si l'extrémité du volume est un point, la surface pénultième n'engendre qu'une pyramide ; si cette extrémité est une ligne, une partie du volume entre cette ligne et la pénultième surface est un prisme triangulaire, prisme dont le volume est, désignant par z' la hauteur du pénultième trapèze et par $_ay_4$ et $_qy_4$ les dimensions haut et bas de ce trapèze, et enfin par $_ay_5$ la ligne remplaçant la dernière surface et par x la longueur du volume $\frac{z\,x}{2} \times$ par la moins grande des trois ordonnées $_ay_4$ ou $_qy_4$ ou $_ay_5$ est le cube de ce volume; mais comme on néglige l'excédent exigu qui résulte de l'application du facteur $\frac{1}{2}$ au lieu de $\frac{1}{3}$ aux hauteurs des bases toujours très peu importantes, qui n'engendrent que des pyramides, la différence signalée ne donne lieu à aucune variation dans les cubatures et les moyens de déterminer les moments.

v 5° Pour ceux de la quille comptant toujours de la V*t*

Ils ne réclament que l'application à l'aire de chacune de ses sections par chaque V*t*, de la règle *c* du f° 49 tant pour la partie A*r* que pour la partie A*v* de la V*t*.

v 6° Pour ceux de l'immergé du gouvernail : le volume de cet immergé étant engendré par des surfaces horizontales c'est le produit par *z* de la sommation Σ' du moment de chaque surface qui donnera le moment de toutes les tranches ayant *z* de hauteur et pour la dernière formant l'extrémité inférieure, ce sera Σ' des moments des deux dernières surfaces $\times$ *z*". Le moment de chaque surface sera pour le type le produit de la surface par 5 *x* $\pm$ la distance de la V*t* au centre de la surface.

Le moment de chaque subdivision du volume total comptant de la V*t* étant déterminé il ne reste qu'à faire la différence entre la somme des moments A*r* de la V*t* et des moments A*v* de cette V*t* et à diviser cette différence par le volume total du déplacement : car nous avons reconnu, f° 29, que le quotient de cette division est la distance à laquelle la V*t* par le centre se trouve de la V*t* du côté où les moments excédaient.

Il reste à déterminer la position de l'*h* par le centre du déplacement ; mais les explications pour la détermination de la V*t* par ce centre s'appliquent à ce qui reste à faire, ainsi pour :

v 1° ce sont les *h* qui remplacent les V*t* et prenant l'*h* pour

l'horizontale de laquelle nous calculerons les moments celui
de v 1° sera pour le type :

$$m.1° = \Sigma' \left(h_a \times \frac{1}{3} + h_b + 2\,h_c + 3\,h_d + \text{etc.} + h_f \frac{14}{3} \right) x\,z^2.$$

Et il en sera de même pour les moments $-m\,2°$ et $-m\,3°$
de v 2° et v 3° dont les surfaces horizontales remplaceront
les h de l'expression qui précède. Il en serait de même
aussi pour l'immergé du gouvernail, mais son action sur la
position de l'h par le centre est si infime qu'on peut la considérer comme neutre et ne pas faire figurer l'immergé du
gouvernail le v 6° dans la détermination de cette position.

Il ne reste donc à déterminer pour le moment m inférieur
à l'h que $m\,2°$ celui de la petite partie de $-v\,2°$ qui peut
se trouver au-dessous de l'h $m\,4°$ celui du v 4° le volume
engendré par la différence du tirant d'eau $m\,5°$ celui de la
quille v 5°.

Pour la partie du v 2° inférieure à l'h son moment
s'obtiendrait exactement comme ceux de la partie supérieure
à l'h pour les tranches ayant z d'épaisseur, pour la tranche
complémentaire dont nous avons désigné l'épaisseur par z'
son moment calculé de l'h serait, désignant les deux surfaces
horizontales par s' s'', s' étant la surface inférieure de la dernière des tranches ayant z d'épaisseur $\dfrac{2\,s' + s''}{6}\,z'^2 \times z\,n$,
n étant le nombre des tranches entre l'h et s'.

Pour v 4° le moment sera la sommation Σ' du moment des
surfaces sur chaque $Vt \times x$ surfaces dont le moment sera
comptant de la Vt_5 sur laquelle la surface est 0 et désignant
par n le numéro de chacune des surfaces suivantes qui sont
sur les $\dot{V}t_4$ $\dot{V}t_3$ etc Vt_0 Vt_1 etc $(2\,_ay_n + {}_9y_n) \times \dfrac{(z'n)^2}{6}$

Enfin pour la quille on évitera de calculer le moment de chacune des surfaces des sections des Vt en prenant la différence entre le moment de partie Ar de la Vt et celui de la partie Av de cette Vt et divisant cette différence par le volume de la quille, car on obtiendra alors le moment $m\ 5^o$ en multipliant $v\ 5^o$ par la distance de l'h au centre de la surface de la section Vt par le centre de la quille.

Il ne restera donc qu'à diviser par le volume total, moins celui du gouvernail, par la différence entre le moment des parties du volume supérieur à l'h et celui des parties inférieures à cette horizontale, pour connaître la position de l'h par le centre du déplacement.

Centre qui se trouvera déterminé puisqu'il est sur le plan diamétral et qu'on aura sa distance Av ou Ar de la Vt et sa distance de l'h.

Ce centre déterminé est celui du déplacement quand le navire est droit et quand son tirant d'eau Ar et celui d'Av sont ceux adoptés par le plan.

CENTRE DE GRAVITÉ DU NAVIRE

Il est évident que le centre d'un déplacement varie dès que la position du corps qui déplace l'eau change de forme, ce qui a lieu quand le navire change de position; mais il en est tout autrement du centre de gravité du navire : ce centre ne varie qu'alors que le navire change son chargement ou son lest. Il est donc très utile de pouvoir déterminer par la position du centre du déplacement celle du centre de gravité du navire dans les conditions où le déplacement, dont le cube et le centre sont déterminés, le maintient flottant et immobile quand l'eau qui le porte est immobile.

C'est afin de préparer ce résultat que nous avons constaté au f° 37 les moyens de l'obtenir pour un prisme carré : car les opérations par lesquelles on peut déterminer autrement la position du centre de gravité d'un navire sont si longues qu'il faut, pour se résigner à les entreprendre, être dans la nécessité absolue de le faire. Il faut en effet déterminer le poids et le moment de chacune des parties si nombreuses et si variées de forme et de densité de tout ce qui compose le navire et son lest ou son chargement pour opérer ensuite sur ces moments comme nous venons de l'indiquer pour ceux du déplacement dont l'homogénéité rend les moments relativement faciles à déterminer.

Au f° 39 nous avons reconnu que c'est en employant la formule qui donne en fonction de l'angle de l'inclinaison la distance entre les deux poussées, l'une par le centre de O du déplacement et agissant de bas en haut, l'autre par le centre de gravité du navire que la position de ce centre g peut être déterminée. Nous allons donc maintenant examiner les modifications qui rendent cette formule applicable à toutes les formes si variées des navires.

Si les parties d'un navire qui se trouvent au-dessus et au-dessous de sa ligne de flottaison étaient verticales, les transformations de la formule du f° 37.

$$\left(\frac{y^3}{3\,V} \times (2 + \tan \alpha_2) - (h \pm h') \right) \times \sin \alpha.$$

consisteraient uniquement dans le remplacement de

$$\frac{y^3}{3\,V} \times X \ \text{par} \ \Sigma' \ \frac{y^3}{3\,V} \times x$$

Car dans l'expression (a) X est éliminé et V n'est qu'une surface, tandis que V reprend, dans l'expression dernière, sa valeur primitive $=$ le volume du déplacement.

Mais les formes des navires donnent à la plupart des lignes qui se trouvent à l'extrémité des y sur chaque Vt des directions plus ou moins inclinées commme la figure 7 l'indique, et il en résulte que pour déterminer la surface des deux triangles engendrés par l'inclinaison que nous continuerons à désigner par α trois ordonnées sur chaqne Vt sont nécessaires : 1° l'ordonnée de la surface de flottaison ; 2° l'ordonnée qui est la distance du sommet du triangle immergé en plus à la projection du plan diamétral soit de AB ; 3° la distance de la même droite au sommet du triangle émergé. Ces distances nous donnent, quand elles sont multipliées par tang.α, les hauteurs de chaque triangle et les ordonnées de la surface de flottaison à l'inclinaison α quand elles sont multipliées par $\dfrac{1}{\cos.\alpha}$, or il faut distinguer ces trois ordonnées. Mais les seules des ordonnées que nous avons précédemment employées, qui figurent dans la formule que nous construisons sont celles de la surface de flottaison (les y pour le cas que nous avons pris pour type). Nous supprimerons donc maintenant cette indication f et ces ordonnées étant celles de la flottaison quand le navire est droit, c. à d. quand l'inclinaison est o nous substituerons ce signe o à l'f, ainsi les ordonnées de la surface de flottaison seront $y_{o5} \; y_{o4}$ etc. $y_{oo} \; \dot{y}_{o1} \; \dot{y}_{o2}$ etc. Et, pour désigner les deux autres ordonnées, nous substituerons α la mesure de l'inclinaison à la lettre f, ainsi ces ordonnées seront $y_{\alpha5} \; y_{\alpha4}$ etc. $y_{\alpha o} \; \dot{y}_{\alpha1} \; \dot{y}_{\alpha2}$ etc. il ne reste plus qu'à distinguer les y du côté immergé en plus de ceux du côté émergé ; ce côté étant négatif nous désignerons ces y en les surmontant du signe $^{-}$, ils seront donc $\bar{y}_{\alpha5} \; \bar{y}_{\alpha4}$ etc. $\bar{\dot{y}}_{\alpha4} \; \bar{\dot{y}}_{\alpha}$ Ainsi opérant sur une seule Vt les surfaces des deux triangles seront $\dfrac{y_{o}\,y_{\alpha}}{2}$ tang.α et $\dfrac{\bar{y_{o}\,y_{\alpha}}}{2}$ tang.α ; mais nous avons $y_{o}\,\bar{y}_{\alpha} < y_{o}\,y_{\alpha}$ et il faut que les deux volumes que ces surfaces verticales vont engendrer restent égaux puisque le déplacement ne doit pas varier. Pour établir cette égalité, il faut faire à chacune des ordonnées du triangle moins grand, une addition que nous supprimerons des deux ordonnées du triangle opposé; comme cette mesure devra être égale sur toutes les Vt nous l'appellerons constante et la désignerons par les lettres ct.

Nous aurons donc $\left(\underset{0}{y}+ct\right)\times\left(\underset{\alpha}{\bar{y}}+ct\right)=\left(\underset{0}{y}-ct\right)\times\left(\underset{\alpha}{y}-ct\right)$ d'où

$$\underset{0}{y}\,\underset{\alpha}{\bar{y}}+\left(\underset{0}{y}+\underset{\alpha}{\bar{y}}\right)ct+ct^2=\underset{0}{y}\,\underset{\alpha}{y}-\left(\underset{0}{y}+\underset{\alpha}{y}\right)ct+ct^2$$

et $\underset{0}{y}\,\underset{\alpha}{y}-\underset{0}{y}\,\underset{\alpha}{\bar{y}}=\left(\underset{0}{y}+\underset{\alpha}{\bar{y}}+\underset{0}{y}+\underset{\alpha}{y}\right)ct.$

Ainsi $ct=\dfrac{\underset{0}{y}\,\underset{\alpha}{y}-\underset{0}{y}\,\underset{\alpha}{\bar{y}}}{\underset{0}{y}+\underset{\alpha}{\bar{y}}+\underset{0}{\bar{y}}+\underset{\alpha}{y}}$

Ici les ordonnées de flottaison $\underset{0}{y}$ sont égaux sur chaque bord opposé et devraient ne figurer qu'une fois avec le facteur 2, mais nous trouverons que les surfaces de flottaison pour les inclinaisons suivantes ne seront plus symétriques et l'expression reste préparée pour ce changement.

Ce que nous devons faire maintenant c'est chercher les moyens de sommation de l'expression de laquelle nous avons tiré la valeur de ct car ce qui doit rester égal ce n'est pas chaque surface mais les deux volumes, émergé l'un, immergé l'autre.

Prenant pour volume $\left(\Sigma'\,\underset{0}{y}\,\underset{\alpha}{y}\right)x$

et pour surface $\left(\Sigma'\underset{0}{y}+\Sigma'\underset{\alpha}{y}+\Sigma'\underset{0}{-y}+\Sigma'\underset{\alpha}{\bar{y}}\right)x.$

cette sommation nous donne pour expression de la valeur de ct.

$$ct=\frac{\Sigma'\,\underset{0}{y}\,\underset{\alpha}{y}-\Sigma'\,\underset{0}{\bar{y}}\,\underset{\alpha}{\bar{y}}}{\Sigma'\,\underset{0}{y}+\Sigma'\,\underset{\alpha}{y}+\Sigma'\,\underset{0}{\bar{y}}+\Sigma'\underset{\alpha}{\bar{y}}}$$

Et cette sommation est exacte, car en la développant nous

trouvons l'égalité des deux volumes. Quant aux ordonnées extrêmes, leur valeur déjà exiguë, puisque y_{on} et $y_{\alpha n}$ ne sont que la demi largeur de l'étambot et y_{on} comme $y_{\alpha n}$ la demi largeur de l'étrave, le deviennent encore plus dans ce qui précède où ces ordonnées sont élevées au carré.

La sommation des surfaces triangulaires multipliée par x prise pour volume donne naissance à l'excédant déjà signalé et expliqué au f° 44. Nous croyons cependant devoir renouveler cette explication.

Sur la *Fig.* 7 les deux lignes inclinées à la droite et à la gauche sont le périmètre de 2 Vt successives. Traçons une parallèle aux y_o passant par le sommet de chaque triangle intérieur, et chaque triangle extérieur laissera dessous la parallèle tracée du côté émergé et au-dessus de celle tracée de l'autre côté, un petit triangle qui ne sera que la base d'une pyramide et qui donnera, ainsi que nous l'avons expliqué au f° 44, un excédent d'un sixième sur le produit de cette base, ici horizontale, par sa longueur x.

Plus le nombre des Vt augmente, plus diminuent ces excédants. Les bases des petits triangles diminuant comme le carré de la différence entre le nombre des Vt; mais il convient de ne pas tenir compte de ces différences même quand le nombre des sections est réduit, car en prenant pour le volume la sommation des surfaces multipliée par la distance qui les sépare, on considère les périmètres entre ces surfaces comme des plans, tandis que ce sont des surfaces courbes et convexes pour la grande majorité, les droites ne sont donc que les cordes de ces courbes et quand la longueur de ces cordes augmente, l'espace contenu entre la corde et la courbe reçoit un accroissement supérieur à la différence entre le volume rectangulaire et celui de l'évaluation.

Pour compléter les indications, objet de ce qui précède, on pourrait continuer à faire figurer le signe $c\,t$, mais cela compliquerait beaucoup les expressions et il est préférable de bien déterminer la valeur numérique de cette constante et d'en faire l'addition aux $\overline{y}_{0}$ et $\overline{y}_{\alpha}$ en la déduisant des y_{0} et des y_{α}. Ainsi, désormais, ces signes indiqueront les ordonnées ainsi modifiées et $\overline{y}_{0}$ n'étant plus égal à y_{0} devra porter son signe distinctif.

Les deux volumes engendrés par les ordonnées ainsi modifiées sont égaux et il ne reste qu'à procéder à la transformation de ces volumes en moments. Cependant les deux volumes, émergé l'un, immergé l'autre, en arrière et en avant de la Vt qui se trouve par les centres de gravité du corps et du déplacement ne sont presque jamais égaux l'un à l'autre. La différence ne peut pas être importante, mais elle peut et doit exister.

Nous constaterons plus loin les moyens de faire disparaître cette différence quelle qu'exiguë qu'elle soit, mais nous continuerons ici à ne pas en tenir compte, car les différences en plus ou en moins entre la valeur de cette constante à l'Ar et l'Av ne changent rien au résultat final, les surfaces de flottaison étant toujours planes, l'incidence du plan O sur le plan α ne peut engendrer qu'une droite, ainsi les accroissements Ar et réductions Av de ct ou *vice versa* ne peuvent se faire que suivant une progression $\div$ et l'Ar compense l'Av.

Pour transformer les volumes engendrés par $\Sigma\, y_{0}\, y_{\alpha}\, \dfrac{\text{tang.}\,\alpha}{2}\, x$ et par $\Sigma\, \overline{y}_{0}\, \overline{y}_{\alpha}\, \dfrac{\text{tang.}\,\alpha}{2}\, x$, (ces ordonnées modifiées de la valeur numérique de ct, nous retournerons à la *Fig.* 7, et nous y reconnaîtrons que la distance entre le sommet de chaque triangle immergé et la verticale $A'\,B'$ qui passe par l'extrémité de ct et remplace $AB = \underset{\alpha}{y} \times \dfrac{1}{\cos.\alpha}$ et qu'il en est de même pour le sommet de chacun des triangles tandis que la distance de l'extrémité de la base $\underset{o}{y}$ et $\overline{\underset{o}{y}}$ de chaque triangle à la même droite $A'B' = \underset{o}{y} \cos.\alpha$ et $\overline{\underset{o}{y}} \cos.\alpha$.

Ainsi le centre de chaque triangle se trouve

$$\text{de } A'B' \text{ à } \frac{2}{3} \times \frac{\dfrac{\underset{\alpha}{y}}{\cos.\alpha}}{2} \times \underset{o}{y} \cos.\alpha \quad \text{et les moments } M \text{ et } \overline{M}$$

$$M = \underset{o}{y}\,\underset{\alpha}{y} \times \frac{\dfrac{\tan.\alpha}{2} \times \dfrac{\underset{\alpha}{y}}{\cos.\alpha} + \underset{o}{y} \cos.\alpha}{3}$$

$$\overline{M} = \overline{\underset{o}{y}}\,\overline{\underset{\alpha}{y}} \frac{\dfrac{\tan.\alpha}{2} \times \dfrac{\overline{\underset{\alpha}{y}}}{\cos.\alpha} + \overline{\underset{o}{y}} \cos.\alpha}{3}$$

$$M = \frac{\underset{o}{y}\,\underset{\alpha}{y^2}\dfrac{\tan.\alpha}{\cos.\alpha} + \underset{o}{y^2}\,\underset{\alpha}{y} \sin.\alpha}{6} \quad \text{et} \quad M = \frac{\overline{\underset{o}{y}}\,\overline{\underset{\alpha}{y^2}}\dfrac{\tan.\alpha}{\cos.\alpha} + \overline{\underset{o}{y^2}}\,\overline{\underset{\alpha}{y}}\sin.\alpha}{6}$$

$$\text{et enfin } M + \overline{M} = \frac{\left(\overline{\underset{o}{y}}\,\overline{\underset{\alpha}{y^2}} + \underset{o}{y}\,\underset{\alpha}{y^2}\right)\dfrac{\tan.\alpha}{\cos.\alpha} + \left(\underset{o}{y^2}\,\underset{\alpha}{y} + \overline{\underset{o}{y^2}}\,\overline{\underset{\alpha}{y}}\right)\sin.\alpha}{6}$$

Quantités qui se somment, et desquelles il résulte que le mouvement, que le centre du déplacement $\circ$ fait vers le côté abaissé pour devenir $\circ'$

$$= \frac{\left(\Sigma \underset{o}{y}\,\underset{\alpha}{y^2} + \Sigma \overline{\underset{o}{y}}\,\overline{\underset{\alpha}{y^2}}\right)\dfrac{\tan.\alpha}{\cos.\alpha} + \left(\underset{o}{y^2}\,\underset{\alpha}{y} + \overline{\underset{o}{y^2}}\,\overline{\underset{\alpha}{y}}\right)}{6\,V} \sin.\alpha$$

Mais ici comme dans l'application au prisme carré le mouvement de $\circ$ étant mesuré parallèlement à la surface de l'eau, l'autre mouvement normal au premier que les moments impriment à ce centre se faisant sur la verticale ce second

mouvement ne fait subir aucune variation à la distance entre les deux poussées qui reste :

$$\frac{\left(\Sigma \underset{\scriptscriptstyle 0}{y}\,\underset{\scriptscriptstyle \alpha}{y^2}+\Sigma \overline{\underset{\scriptscriptstyle 0}{y}\,\underset{\scriptscriptstyle \alpha}{y^2}}\right)\dfrac{\text{tang.}\alpha}{\cos.\,\alpha}+\left(\Sigma \underset{\scriptscriptstyle 0}{y^2}\,\underset{\scriptscriptstyle \alpha}{y}+\Sigma \overline{\underset{\scriptscriptstyle 0}{y^2}\,\underset{\scriptscriptstyle \alpha}{y}}\right)\sin.\,\alpha}{6\ V}-h\pm h')\sin.\,\alpha.$$

Quant au mouvement de $\underset{}{\bigcirc}$ sur la vert. parallèle à $A'B'$ il
se fait de haut en bas. Les moments du prisme immergé, le
positif, étant négatifs comme ceux du prisme émergé le négatif dont le facteur est positif ces moments sont ceux ci-
dessus multipliés par sin.α soit

$$\frac{\left(\Sigma \underset{\scriptscriptstyle 0}{y}\,\underset{\scriptscriptstyle \alpha}{y^2}+\Sigma \overline{\underset{\scriptscriptstyle 0}{y}\,\underset{\scriptscriptstyle \alpha}{y^2}}\right)(\text{tang.}\alpha^2)+\left(\Sigma \underset{\scriptscriptstyle 0}{y^2}\,\underset{\scriptscriptstyle \alpha}{y}+\Sigma \overline{\underset{\scriptscriptstyle 0}{y^2}\,\underset{\scriptscriptstyle \alpha}{y}}\right)(\sin.\,\alpha^2.)}{6\ V}$$

Ainsi la distance entre g et $\underset{\alpha}{\bigcirc}$

$$= (h \pm h')\cos.\alpha +$$

$$\frac{\left(\Sigma \underset{\scriptscriptstyle 0}{y}\,\underset{\scriptscriptstyle \alpha}{y^2}+\Sigma \overline{\underset{\scriptscriptstyle 0}{y}\,\underset{\scriptscriptstyle \alpha}{y^2}}\right)\text{tang.}\alpha^2+\left(\Sigma \underset{\scriptscriptstyle 0}{y^2}\,\underset{\scriptscriptstyle \alpha}{y}+\overline{\underset{\scriptscriptstyle 0}{y^2}\,\underset{\scriptscriptstyle \alpha}{y}}\right)\sin.\alpha^2.}{6\ V}$$

Cette distance ne peut être soumise qu'à une variation bien
minime mais qui doit être indiquée. Elle serait provoquée
par les différences de tirant d'eau Ar et Av que les inclinaisons
doivent provoquer sauf de rares exceptions, mais ces différences
ne peuvent être que très insignifiantes car la distance mesurée ne serait affectée que de 1 — cos. de l'angle que les deux
axes longitudinaux des surfaces de flottaison formeront entre
eux et cet angle sera nécessairement très aigu. Plus tard
nous examinerons les moyens de le mesurer.

Quant aux valeurs de $h \pm h$ nous remarquerons de suite
qu'il faut pour que h' doive être ajoutée à h, que g, le centre
de gravité du corps, soit au-dessus de la surface de l'eau :
quand g est au-dessous, h, est toujours à déduire de h, qui
est la distance du centre du déplacement $\bigcirc$ à la surface de
l'eau.

Nous devrons donc maintenant examiner les moyens de faire l'application aux navires de l'étude présentée au f° **37**.

Quand le navire est à flot nous savons déjà quelles positions tiennent les deux plans verticaux sur lesquels g, le centre de gravité du navire, se trouve, car pour qu'il flotte immobile il faut que ces deux plans, l'un transversal, l'autre longitudinal soient ceux sur lesquels se trouve O le centre du déplacement dont nous avons déterminé la position f° 56. La position de g sera donc déterminée quand nous aurons, comme au f° 39, obtenu la valeur de h'.

Mais la manière de provoquer l'inclinaison du prisme doit être modifiée: pour un navire il est indispensable de n'avoir recours qu'à une charge déterminée et dont le centre soit placé à des distances exactement mesurées, l'une du plan VL par le centre du navire, l'autre de la surface de l'eau quand le navire est droit, moyen qui rend très facile la vérification de la mesure de l'angle d'inclinaison par une application alternative de la même charge sur l'un comme sur l'autre bord et qui n'exige que l'addition au volume du déplacement d'un petit volume qui sera en décimètres cubes

le nombre de kilos de la charge $= \mathrm{K} \times \dfrac{100}{103}$ si le navire

flotte sur de l'eau de mer. Ce qu'il faut bien constater c'est le moment de la charge et l'inclinaison qu'elle provoque. Continuant à désigner par α le nombre de degrés et fractions de degré de cette inclinaison, si nous désignons par Z la distance du centre de la charge à la surface de l'eau avant l'inclinaison et par Y la distance de ce centre au plan VL qui passe par le centre du déplacement quand le navire est droit, la distance entre la verticale par le centre de la charge à l'inclinaison α et l'incidence de l'ex verticale AB sur la surface de l'eau sera $z\,\sin.\alpha + \mathrm{Y}\,\cos.\alpha$ (*voir la fig.* 9), il faudrait donc, si le centre du déplacement restait à l'inclinaison α sur AB, ajouter au déplacement V un petit volume

cubant un nombre de décimètres $= \mathrm{K} \times \dfrac{100}{103}$ et placé de

manière que son moment fut $(nd)^3 \times \mathrm{Z}\,\sin.\alpha + \mathrm{Y}\,\cos.\alpha$.

Ainsi pour compenser le poids k il faut que le changement de la position du centre du volume $Cp \times$ par le poids total

$$P + k = (nd)^3 \times \overset{\alpha}{Z} \sin.\alpha + Y \cos.\alpha.$$

Mais le changement de la position du centre du volume est le couple dont l'expression du f° 38 donne la dimension et cette expression reste sans changement car P le numérateur $= 1,03$ V le dénominateur, d'où $\dfrac{P}{V} = \dfrac{1}{1,03}$ et comme l'addition de K à P provoque l'addition à V de $v = 1,03\,K$ $\dfrac{P+p}{V+v} = \dfrac{1}{1,03} = \dfrac{P}{V}$, ce qui ramène à l'expression du f° 30

Les seules variations que l'addition de p produise sont l'accroissement du déplacement et le changement de position du centre o le navire droit; mais on ne provoque qu'une inclinaison, de très peu de degrés et p reste assez exigu pour que le changement de position de o reste assez réduit pour ne pouvoir être mesuré.

Ici comme au f° 38 nous observons que ce qui provoque l'inclinaison α est un couple dont ici la valeur est $p \times (z \sin.\alpha + y \cos.\alpha)$ car la poussée ascendante par $A'\,B'$ qui devient $V + v$ reçoit un accroissement qui égale p et nous en tirons l'expression suivante qui coïncide avec celle du f° 38.

$1° \; p\,(z \sin.\alpha \times y \cos.\alpha =$

$$P\left(\frac{(\Sigma'_o y_\alpha y^2 + \Sigma'_o \bar{y}_\alpha \bar{y}^2)\dfrac{tg.\alpha}{\cos\alpha}}{6\,V} + \frac{(\Sigma'_o y_\alpha{}^2 y + \Sigma'_o y_\alpha{}^2 y) - (h \pm h')}{6\,V} \right) \sin.\alpha$$

de laquelle nous tirons, vu que

$$\frac{tang.\alpha}{\sin.\alpha} = \frac{1}{\cos.\alpha} \quad et \quad \frac{\cos.\alpha}{\sin.\alpha} = cotang.\,\alpha.$$

$2° \; p\,(z + Y \; cotang.\alpha \pm$

$$\frac{(P\Sigma'_o y \alpha y^2 + \Sigma'_o \bar{y}\alpha \bar{y}^2 \dfrac{tang.\alpha}{(\cos\alpha)^2} + \Sigma'_o y^2 \alpha y + \Sigma'_o \bar{y}^2 \alpha y) - h = \pm h'}{6\,V}$$

soit la distance de la surface de l'eau à g puisque $\pm h'$ est la distance de ce centre au-dessus ou au-dessous de la surface de l'eau.

Notons ici que si les deux centres g et o restaient sur la même horizontale, l'expression du couple ne devrait pas contenir de terme négatif, et celle que nous avons étudiée est conforme à cette condition, car alors $h = h'$ et $h - h' = 0$. Si g se trouvait au-dessous de o le terme négatif $- h \pm h'$ deviendrait, comme il doit le devenir, positif puisqu'on aurait alors $h < h'$ et $- (h - h') = + h' - h$.

Mais pour avoir la position exacte de g il faut tenir compte des variations qui sont imposées à h par deux causes déjà signalées : la première le mouvement de haut en bas que l'inclinaison impose au plan horizontal par o mouvement dont l'expression donnée au f° 63 est :

$$\frac{\left(\underset{o}{\Sigma'} y \underset{\alpha}{y^2} + \underset{o}{\Sigma'} \overline{y} \underset{\alpha}{\overline{y^2}}\right) (\text{tang.}\alpha)^2 + \left(\underset{o}{\Sigma'} y^2 \underset{\alpha}{y} + \underset{o}{\Sigma'} \overline{y^2} \underset{\alpha}{\overline{y}}\right) (\text{sin.}\alpha)^2}{6\ \text{V}}$$

la seconde, le mouvement de haut en bas qui résulte, pour le même plan, de la différence comblée par ct entre les deux petits volumes que l'inclinaison immerge d'un côté et émerge de l'autre car ct sin.α est la mesure de la réduction ou de l'accroissement de l'immersion du corps à l'inclinaison α, soit de la réduction de h. Toutefois ces variations sont peu importantes et comme elles tendent à se compenser on n'en tient presque jamais compte.

Il ne reste maintenant, pour avoir passé en revue toutes les questions relatives au navire qu'on peut soumettre aux lois de l'analyse, que l'examen des moyens de déterminer les différences des tirants d'eau Ar et Av qui sont provoquées par une charge qu'on transporte de l'Av vers l'Ar ou de l'Ar vers l'Av, c'est-à-dire de déterminer le moment requis pour provoquer une différence de tirant d'eau déterminée ou *vice versa*, c'est-à-dire la différence de tirant d'eau que ce moment provoque.

Le mode souvent adopté pour l'obtention de ce résultat consiste à diviser la surface de flottaison par des parallèles à l'axe longitudinal et équidistantes qui deviennent des ordonnées dont la sommation Σ' par la distance qui les sépare reproduit l'aire de la surface de flottaison.

Ce qui a été reconnu pour obtenir l'évaluation de la force de côté du navire s'applique directement à ce mode d'opérer pour déterminer le moment du poids qui provoque l'angle que les axes longitudinaux doivent faire entre eux.

Mais l'opération graphique et le relevé des nouvelles cotes étant longs et compliqués, je crois préférable d'opérer de la manière suivante :

Nous avons constaté que la sommation Σ' de surfaces séparées par des intervalles égaux multipliée par cet intervalle $x =$ le volume dont ces surfaces sont des sections et que le petit excédant qui résulte de cette cubature, excédant auquel d'ailleurs donne aussi naissance (voir fo 60) la manière de procéder qui vient d'être indiquée, est d'autant moins important qu'il tend à compenser le déficit résultant de ce que dans les cubatures nous avons considéré comme engendrées par des droites toutes les surfaces extérieures qui unisssent les sections supposées, tandis que l'enveloppe extérieure est engendrée par des courbes dont la très grande majorité est convexe. Nous pourrons donc déterminer le cube des volumes, ajouté l'un, déduit l'autre, Ar et Av ou Av et Ar, en mesurant seulement sur chaque Vt les surfaces de l'immergé en plus ou de l'émergé, et les cotes à relever ne présenteront aucune difficulté, surtout lorsque l'évaluation des moyens de provoquer un tirant d'eau déterminé sera le but de l'opération, ce qui est presque toujours le cas lorsqu'il s'agit de différences un peu importantes.

Pour désigner les signes représentant les cotes exigées pour la détermination des conséquences des inclinaisons latérales, nous avons employé les lettres grecques par les-

quelles nous avons exprimé les degrés, mesure des angles
d'inclinaison ; il est indispensable d'appliquer aux signes
représentant les cotes réclamées pour déterminer les différences de tirant d'eau, des signes qui les distinguent de ceux
affectés au précédant emploi : nous désignerons donc ces
dernières par de très petites majuscules en caractère romain.
Ainsi les lettres A, B, C, D, etc., désigneront les angles que
les axes longitudinaux feront entre eux. Ces angles ne peuvent
être que très aigus, tandis que ceux que nous exprimons par
les α, 6, γ, δ etc. peuvent s'élever ensemble à 90_0 et même
à 180°.

Les surfaces de flottaison étant toujours des plans, la différence de tirant d'eau est le sinus de la longueur totale de
l'axe longitudinal $= S\,x$, et l'immergé en plus comme
l'émergé sera, sur chaque Vt, comptant de l'axe tranversal
sur lequel l'oscillation se fera, $x\,n\,\sin.A$, A étant la mesure
de l'angle que les deux plans feront, et n exprimant la fraction moins grande que 1, de x en comptant de la transversale qui sera l'axe de l'oscillation : ainsi sur le tracé
présentant la projection des sections verticales transversales des Vt la distance qui séparera sur l'une des Vt la droite
projection de la nouvelle surface de l'eau de sa parallèle,
projection de la surface avant le changement du tirant d'eau,
sera $x\,n\,\sin.A$ et la distance entre chacune des droites
projections de la nouvelle surface sera $x\,\sin.A$. La position
de la parallèle projection de l'axe d'oscillation, sera donc
$\pm\,xn\,\sin.A$, xn remplaçant ct pour la désignation que
nous avons attribuée à ces lettres dans l'étude relative
aux inclinaisons latérales : car, pour les inclinaisons longitudinales qui se font sur un axe transversal, il faut, comme
pour celles déjà étudiées qui se font sur un axe longitudinal,
que le volume ajouté égale le volume supprimé, puisque le
poids du corps ne change pas.

Il faut déterminer et le cube des deux volumes immergé
en plus l'un, émergé l'autre et le moment de chacun de ces
volumes, et il en résulte un inconvénient.

L'expression qui donne le moment de volumes dont le cube
a été déterminé par la sommation de leurs sections transversales, se compliquerait de manière à en rendre l'emploi
très peu acceptable, si chacune des subdivisions qui composent le volume ne restait pas égale et l'obligation de
rendre égaux les volumes, émergé l'un, immergé en plus
l'autre, impose un fractionnement de la longueur de la subdivision origine des deux volumes. Mais l'inconvénient est plus
apparent que réel. Tout moment M d'un volume V est le
produit de son centre par la distance d entre le centre du
volume et le point d'où le moment a été calculé : donc si ce
point est approché ou reculé M devient $V \times (d \pm d')$ et $M = M' \pm V d'$
ce qui fait disparaître la difficulté.

Pour opérer, nous devons déterminer d'abord la distance
de la V_t à l'axe d'oscillation qui rend égaux les volumes
immergé en plus l'un, émergé l'autre, et pour le faire procéder comme pour les inclinaisons latérales, les lettres, xn qui
remplacent ct désignant cette distance ; mais ici nous avons
à tenir compte des aires des surfaces et il en résulte que ce
sera l'épaisseur de la tranche à enlever, épaisseur qui restera
xn sin. A, qui donnera la valeur de xn, tandis que dans les
inclinaisons latérales c'est la valeur de ct qui nous a donné
l'épaisseur de la tranche : xn reste, comme dans le premier
cas, le petit rayon qui donne à sin. A sa valeur finie.

Il faut remarquer que la surface de flottaison du côté de
l'extrémité ou l'immersion augmente devient un peu plus
grande que celle du même côté avant le changement, tandis
que celle de l'extrémité opposée devient un peu moins grande,
d'où il résulte qu'il faut prendre pour axe provisoire de l'oscillation l'ordonnée qui laisse le moins de différence entre
Σ' y et Σ' ẏ.

Dans le type que nous avons adopté la sommation Σ' des
ordonnées $_ty$ Ar de $_ty_0$ Σ' $_ty = d$ 2,182 et Σ' $_ty = d$ 1,5705
différence, 6115, dimension du plan ; tandis que $_0y = d,537$ et $_1y$

544, ce qui donne à soustraire de l'*Ar* et à ajouter à l'*Av* $d, 2685$ $+ 272 = d, 5405$ la différence est peu importante, 6445-,5405 cependant il convient de prendre y_1 pour l'axe d'oscillation provisoire. Nous adoptons donc l'hypothèse d'une surface de flottaison dont l'aire *Ar* de y_o excède assez l'aire *Av* de cette ligne transversale pour que nous devions prendre l'y_1 comme l'axe provisoire de l'oscillation.

Mais avant de continuer, nous devons constater que pour les calculs relatifs aux différences de tirant d'eau entre l'*Ar* et l'*Av*, il faut faire une exception à la convention jusqu'à présent suivie de ne compter que les demi-largeurs. Quand le navire est droit la convention peut-être maintenue, la surface de flottaison étant symétrique ; mais dès que le navire s'incline, cette symétrie cesse : or, si on opérait sur chaque demi-surface on aurait deux opérations, quand une seule suffit, et nous verrons plus loin que l'évaluation des oscillations sur l'axe transversal que provoquent les inclinaisons latérales, c'est-à-dire sur un axe longitudinal, sont à prendre en très haute considération, ce qui en rend l'évaluation nécessaire.

Une autre convention indispensable pour les calculs relatifs aux différences des tirants d'eau *Ar* et *Av* c'est que les expressions $S\,x$ et $\Sigma'\underset{\alpha}{y}\,x$ n'indiquent : la première que la distance de la Vt_o à la Vt_b la seconde que l'aire de la partie de la surface de flottaison qui est arrière de la Vt_o et que ce sera par $S\,\dot{x}$ et $\Sigma'\underset{\alpha}{\dot{y}}\,x$ que seront exprimés et la distance et l'aire de la surface de flottaison entre la Vt_o et $\dot{V}t_b$.

Dans l'hypothèse adoptée nous considérons le tirant d'eau *Ar* comme devant être augmenté et la valeur de sin. A soit la différence de tirant d'eau à provoquer, comme étant à fixer arbitrairement, en faisant observer encore que, même pour des différences relativement importantes, sin. A ne peut être que très réduit vu la longueur du rayon $= S\,x. \times 2$.

Les ordonnées donnant la surface sur chaque Vt sont $y_0 + y_a$ or les cotes désignées par les y_0 qui ont été relevés pour l'évaluation du volume du déplacement ne sont qu'à doubler, et nous avons indiqué, f° 58, le mode pour relever celles qui sont désignées par les y_n enfin la hauteur de chaque surface sera, pour la partie d'Ar, vu la position de l'axe provisoire d'oscillation, x sin. A $\times$ par le numéro —1 de la Vt et pour l'Av x sin. A $\times$ par le numéro +1 de la Vt. Ainsi les deux volumes seront :

Celui d'Ar

$$+ \Sigma' \left(\frac{y_{01} + y_{\alpha 1}}{2} \times 0 + \frac{y_{02} + y_{\alpha 2}}{2} \times 1, + \frac{y_{03} + y_{\alpha 3}}{2} \times 2 + \text{etc.} \right) \times x^2 \; \text{sin. A}$$

Celui d'Av

$$- \Sigma' \frac{y_{01} + y_{\alpha 1}}{2} \times 0 + \frac{y_{00} + y_{\alpha 0}}{2} \times 1, + \frac{y_{01} + y_{\alpha 1}}{2} \times 2 + \text{etc.} \times x^2 \; \text{sin. A}$$

Mais si la différence du tirant d'eau $+$Ar et $-$Av ou $-$Ar et $+$ Av impose à tout le corps de s'émerger ou de s'immerger en plus, il en résulte l'émersion ou l'immersion d'une tranche d'une épaisseur uniforme dont, dans le premier cas, la partie supérieure au côté immergé en plus diminue le volume de ce côté, tandis que la partie supérieure à l'autre côté en augmente le volume du côté opposé. Le volume de cette tranche $= \Sigma'_\alpha y \, x \, n$ sin. Ax. Il faut donc, pour que les deux volumes dont les expressions viennent d'être données deviennent égaux, que celui de la tranche égale la différence entre ces deux volumes puis quela moitié environ de celui de la tranche va être ajoutée au volume le moins grand, tandis que le reste sera déduit de l'autre volume. Ainsi l'expression de la valeur de $\pm x \, n$ est :

$$\frac{\left\{ \Sigma' \left(\frac{y_{01} + y_{\alpha 1}}{2} \times 0 + \frac{y_{02} + y_{\alpha 2}}{2} \times 1, + \frac{y_{03} + y_{\alpha 3}}{2} \times 2, + \text{etc.} \right) \pm \Sigma' \left(\frac{y_{01} + y_{\alpha 1}}{2} \times 0, + \frac{y_{00} + y_{\alpha 0}}{2} \times 1, + \frac{y_{01} + y_{\alpha 1}}{2} \times 2 + \text{etc.} \right) \right\} x^3 \; \text{sin. A}}{\Sigma' y \, x^2 \; \text{sin. A}}$$

et le numérateur comme le dénominateur étant affectés du

facteur x sin. A la détermination de xn, soit la position de l'axe d'oscillation transversal qui rend les deux volumes égaux, peut être déterminée sans que celle de x sin. A le soit, résultat qui était indispensable puisque la valeur de sin. A ne doit dépendre que du moment à produire.

Pour obtenir ce moment nous déterminerons le cube des deux volumes $v = \dot{v}$ chacun, puis nous subdiviserons chacun des v et nous opérerons, conformément à l'expression du f° 49 pour la partie de v qui se trouve en arrière de la $\underset{0}{Vt}$ comme pour celle de $\dot{v}$ en avant de la $\underset{1}{Vt}$ comptant de ces deux Vt pour la production des moments que nous désignerons par $\underset{A}{\dot{m}'}$ et $\underset{A}{m'}$ et dont l'expression sera (xn étant Ar de la $\underset{0}{Vt}$)

Pour l'Ar

$$\underset{A}{m'} = \Sigma' \left(\frac{y_{o1} + y_{\alpha1}}{2} \times \frac{(x - xn)}{3} + \frac{y_{o2} + y_{\alpha2}}{2} \times (x + x - xn) \times 1, + \frac{y_{o3} + y_{\alpha3}}{2} \right.$$
$$\left. \times (2x + x - xn) + 2 \times \frac{y_{o4} + y_{\alpha4}}{2} + (3x + x - xn) \times 3 + \text{etc.} \right) \times x \sin.$$

et pour l'Av

$$\underset{A}{\dot{m}'} = \Sigma' \left(\frac{y_{o1} + y_{\alpha1}}{2} \right) \times \frac{xn}{3} + \frac{y_{o0} + y_{\alpha0}}{2} \times (x + xn) \times 1 + \frac{y_{o1} + y_{\alpha1}}{2}$$
$$\times (2x \times xn) \times 2, + \frac{y_{o2} + y_{\alpha2}}{2} \times (3x + xn) \times 3 + \text{etc.} \right) \times x \sin. A$$

Moments auxquels il ne reste à ajouter que 2° $v \times \underset{A}{x - xn}$ et $\dot{v} \times \underset{A}{xn}$. L'expression du f° 71 nous a donné la valeur numérique de v et de $\dot{v}$. et 3° la valeur exiguë des moments du petit volume contenu entre la $\underset{0}{Vt}$ et la $\underset{1}{Vt}$ volume qui est

$$\frac{\dfrac{y_{o1} + y_{\alpha1}}{2} + \dfrac{y_{o0} + y_{\alpha0}}{2}}{2} \times x^2 n \sin. A$$ et dont les moments sont pour

l'Ar $\dfrac{y_{o1} + y_{\alpha1}}{4} (x - xn)^2 \dfrac{x}{2} \sin. A$ et pour l'Av $\dfrac{y_{o1} + y_{\alpha1}}{4} \times (xn)^2 \dfrac{x}{2} \sin. A.$

L'addition à m' comme à $\dot m'$ des petits moments m' 2° m' 3°
et $\dot m'$ 2° et $\dot m'$ 3° donne les valeurs de M et de $\dot M$. Or M
s'ajoutant au moment total de la partie d'Ar et $\dot M$ se déduisant du moment total de la partie d'Av, la différence entre
ces moments est $M + \dot M$. Ainsi, que ce soit par une charge
transportée de l'Av à l'Ar, ou de l'Ar à l'Av, ou par l'addition d'une charge unique qu'on provoque la différence de
tirant d'eau qu'on veut obtenir, il faut toujours que, soit par
la charge transportée, soit par la charge unique, on produise un moment égal à $M + \dot M$, ce qui impose, pour la
charge unique, la duplication, ou de son poids, ou de la
distance de son centre à la Vt par l'axe de l'oscillation longitudinale.

Maintenant il faut remarquer qu'alors que l'inconnue à
déterminer est la différence du tirant d'eau, les ordonnées
que nous avons désignées par $_\Lambda y$ ne peuvent pas être mesurées
graphiquement et qu'alors les $\dfrac{_o y + _\Lambda y}{2}$ doivent être remplacés
par les $_o y$. Si on tenait à un résultat d'une exactitude rigoureuse il faudrait faire l'opération deux fois; la première
conformément à ce qui va être indiqué et destinée seulement
à donner le moyen de relever les cotes $_\Lambda y$; mais pour qu'il
y eut à recourir à ce moyen il faudrait que les différences de
tirant d'eau prévues dussent être très importantes. Les différences qui résultent de l'introduction des $_\Lambda y$ sont presque
toujours si exiguës qu'on n'en tient pas compte; on considère
chaque surface verticale transversale comme un parallélogramme dont la largeur $=$ son $_o y$ ce qui permet de déterminer
plus facilement le cube des volumes immergé en plus l'un,
émergé l'autre, car ces volumes sont des pyramides dont la
hauteur se trouve à leur extrémité opposée à l'axe de
l'oscillation longitudinale origine de leur surface et leur
hauteur est le produit de la longueur de cette surface
$\times$ tang. $_\Lambda$ soit, voir f° 68, $(\int x \pm x n')$ tang. $_\Lambda$.

Le cube d'une pyramide est le tiers de la surface de sa base $\times$ sa hauteur. Pour continuer à faciliter la conservation dans la mémoire des lois invariables, je ferai remarquer ici qu'en traçant la projection oblique d'une tranche engendrée par une surface de la forme de celles que présentent les Ar comme les Av des surfaces de flottaison des navires, tranche dont l'épaisseur est constante et est la hauteur d'une des pyramides que les différences des tirants d'eau engendrent, soit la longueur de la surface $(\int x \pm x n')$ tang.$_{A}$ (f° 72), il est facile de constater que le volume de cette tranche contient trois pyramides ayant chacune une base égale à celle de la première et la même hauteur. Pour cette constatation il suffit de diviser en deux par un plan incliné ce qui reste de la tranche en excédant de la première pyramide, l'inclinaison du plan faisant de sa projection la diagonale bisectant en deux surfaces égales le parallélogramme sectant la Vt de l'extrémité opposée à celle où le sommet de la première pyramide se trouve. (*voir la fig. 10.*)

Ce sont les moyens que les pyramides offrent de déterminer leur volume que nous allons employer pour déterminer ceux qui seront engendrés par la différence de tirant d'eau que l'inclinaison latérale α impose aux axes longitudinaux, l'un ex-horizontal et l'autre horizontal, de faire entre eux, angle dont $_{A}$ exprime la mesure. Cet angle est toujours très aigu, il est vrai, mais on ne doit pas le négliger.

Ici il faut examiner très attentivement comment se produisent les causes qui provoquent l'angle $_{A}$.

Nous avons rendu égaux l'un à l'autre le volume ajouté du côté abaissé et le volume déduit de l'autre côté par l'inclinaison α, mais il ne résulte pas de l'égalité de ces deux volumes entiers que la différence entre la partie des deux volumes, l'une ajoutée à l'Ar, l'autre déduite de cette partie, égale la différence entre le reste des deux volumes ajouté l'un et déduit l'autre à la partie d'Av: la partie du volume qui se trouve déduite de l'*Ar* peut excéder celle qui est ajoutée à cette partie, pourvu que celle qui est ajoutée à la partie d'*Av* excède celle qui en est déduite, et que cet excédant égale celui de la partie d'*Ar* ou *vice versa*.

Ce sont ces excédents qui donnent naissance à une différence de tirant d'eau, parce qu'il faut que la *Vt*, par le centre du déplacement, se trouve toujours par le centre de gravité du navire, centre qui ne varie pas, et que, sans une différence de tirant d'eau, la *Vt*, par le centre du déplacement se trouverait rapprochée de l'*Ar* ou de l'*Av* par les différences dont l'origine vient d'être expliquée.

Ici, le but à atteindre n'est plus de provoquer une différence de tirant d'eau déterminée, mais de déterminer la mesure de celle qui se trouve provoquée, et ce n'est (f° 72) que par les moments que les différences de tirant d'eau engendrent que peut-être déterminée cette mesure. Ainsi, l'inconnue est l'angle A que devront faire entr'eux l'axe longitudinal de la surface de flottaison avant l'inclinaison latérale α, et l'axe de cette surface, après cette inclinaison, et pour l'obtenir, il faut déterminer les volumes qui, engendrés par une différence de tirant d'eau, produisent une somme de moments qui soit égale à celle que nous allons désigner par $M_\alpha + \dot{M}_\alpha$. Ainsi, ce que nous devons obtenir d'abord c'est la valeur de ces moments $M_\alpha + \dot{M}_\alpha$.

Toutefois, nous devons remarquer que, bien que dans ce qui précède et ce qui suit la lettre α soit conservée pour indiquer l'angle de l'inclinaison latérale, ce n'est qu'alors que cette inclinaison atteindra un nombre de degrés important, qu'il y aura lieu à tenir compte des inclinaisons longitudinales dont nous avons indiqué la mesure par A, mesure qu'on désignera successivement par les lettres B, C, D etc., correspondant aux β, γ, δ, etc., indiquant les mesures des inclinaisons latérales. Tant que ces dernières inclinaisons sont exiguës, la différence de tirant d'eau qu'elles peuvent provoquer, reste dans des limites *inapplicables*. Ce n'est qu'alors que les inclinaisons latérales atteignent les limites qui sont indiquées au f° 82 qu'on doit tenir compte de l'influence qu'elles peuvent exercer sur les immersions à l'*Ar* et à l'*Av*.

Pour obtenir la valeur des $M + \dot{M}$ il faut déterminer d'abord la position de l'axe de l'oscillation longitudinale qui engendrera deux petits volumes égaux V et $\dot{V}$ dont les moments compenseront $M + \dot{M}$ et cette obligation nous impose de revenir à la cubature de ces deux volumes, suivant ce qui a été observé au f° 72 et de revenir aussi à l'opération qui a donné la valeur de Cp. Les cotes numériques des $y - ct$ et des $\overline{y} + ct$ qui sont maintenant suivant la convention du f° 61, exprimés par y et $\overline{y}$ deviennent des ordonnées de l'h, la surface de flottaison à l'inclinaison α, en leur appliquant le facteur commun $\dfrac{1}{\cos. \alpha}$ facteur exigé parce que les ordonnées y et $\overline{y}$ ont été mesurés parallèlement à la surface de l'eau à l'inclinaison 0. (*voir la fig. 7*).

Ainsi continuant de désigner par $\pm xn'$ la distance de la Vt à laquelle se trouve l'axe d'oscillation longitudinale qui rend les deux volumes égaux et à admettre l'hypothèse de $V > \dot{V}$ et $y > y$ cette cubature sera :

$$\left(\sum_\alpha y\, x - \left(y_{\alpha 0}(1-n') + y_{\alpha 1} n' \right) xn' \right) \times \frac{1}{\cos. \alpha} \times \left(\int x - xn' \right) \frac{\text{tang.A}}{3} = \left(\sum_\alpha \dot{y}\, x + \left(y_{\alpha 0}(1-n') + y_{\alpha 1} n' \right) x n' \right) \times \frac{1}{\cos. \alpha} \times \left(\int x + xn' \right) \frac{\text{tang.A}}{3}$$

Mais n' étant l'inconnue à déterminer et les variations que subit l'ordonnée en $x\,n'$ ne donnant que des différences inapplicables on prend pour valeur de cette ordonnée qui est l'axe de l'oscillation longitudinale $\dfrac{\left(\underset{\alpha^0}{y}\ ou\ \underset{\alpha^0}{y}+\underset{\alpha^1}{y}\ ou\ \underset{\alpha^0}{y}\right)}{2}\times\dfrac{1}{\cos.\alpha}$ selon que l'excédant de la surface $A r$ de $\underset{\circ}{y}$ sur la surface $A v$ est plus ou moins grande et l'expression qui donne la valeur de n' est

$$\left(\underset{\alpha}{\Sigma' y}-\frac{\left(\underset{\alpha^0}{y}+\underset{\alpha^1}{y}\right)}{2}\,n'\right)x\times(\textstyle\int x-x n')=\left(\underset{\alpha}{\dot{\Sigma}' \dot{y}}+\frac{\left(\underset{\alpha^0}{y}+\underset{\alpha^1}{y}\right)}{2}\,n'\right)x\times(\textstyle\int x-x n')\ \ d'\text{où}\ \ n'=\frac{\left(\underset{\alpha}{\Sigma' y}+\underset{\alpha}{\Sigma' \dot{y}}\right)\int x}{\left(\underset{\alpha}{\Sigma' y}+\underset{\alpha}{\Sigma' y}\right)x+\left(\underset{\alpha^0}{y}+\underset{\alpha}{\dot{y}}\right)\int x}$$

La valeur numérique de n' étant déterminée nous obtiendrons les moments $\underset{\alpha}{M}+\underset{\alpha}{\dot{M}}$ calculés de l'axe de l'oscillation longitudinale en les subdivisant, comme au f° 72, l'un et l'autre, en 3 parties $\underset{\alpha}{m}1°\ \underset{\alpha}{m}2°\ \underset{\alpha}{m}\ 3°\ \underset{\alpha}{\dot{m}}1°\ \underset{\alpha}{\dot{m}}2°\ \underset{\alpha}{\dot{m}}3°.$

$\underset{\alpha}{m}\,1°$ le moment du volume $A r$ de la $\underset{1}{V}t$ et comptant de cette $V t$

$\underset{\alpha}{m}\,2°$ le moment du même volume produit par $x(1-n')$

$\underset{z}{m}\,3°$ le moment du petit volume entre la $\underset{1}{V}t$ et $x\,n'$ et comptant de $x\,n'$

$\overset{\centerdot}{\underset{\alpha}{m}}$ 1° le moment du volume Av de la $\underset{o}{Vt}$ et comptant de cette Vt.

$\overset{\centerdot}{\underset{\alpha}{m}}$ 2° le moment du même volume produit par x'

$\overset{\centerdot}{\underset{\alpha}{m}}$ 3° le moment du petit volume entre xn' et la $\underset{o}{Vt}$ et comptant de xn'

Et les expressions de ces moments seront les suivantes :

$$\underset{\alpha}{m}\,1° = \left[\Sigma'\left(\underset{01}{y}\,\underset{\alpha^1}{y}\pm\underset{01}{\overline{y}}\,\underset{\alpha^1}{\overline{y}}\right)+\frac{1}{3}+\left(\underset{02}{y}\,\underset{\alpha^2}{y}\pm\underset{02}{\overline{y}}\,\underset{\alpha^2}{\overline{y}}\right)\times 1+\left(\underset{03}{y}\,\underset{\alpha^3}{y}\pm\underset{03}{\overline{y}}\,\underset{\alpha^3}{\overline{y}}\right)\times 2+\text{etc.}+\left(\underset{on}{y}\,\underset{\alpha n}{y}\pm\underset{on}{\overline{y}}\,\underset{\alpha n}{\overline{y}}\right)\right]\times\frac{3(n-1)-1}{3}\times$$

$$\overset{\centerdot}{\underset{\alpha}{m}}\,1° = \left[\Sigma'\left(\underset{00}{y}\,\underset{\alpha^0}{y}\pm\underset{00}{\overline{y}}\,\underset{\alpha^0}{\overline{y}}\right)\times\frac{1}{3}\times\left(\underset{01}{\overset{\centerdot}{y}}\,\underset{\alpha^1}{\overset{\centerdot}{y}}\pm\underset{01}{\overset{\centerdot}{\overline{y}}}\,\underset{\alpha^1}{\overset{\centerdot}{\overline{y}}}\right)\times 1+\left(\underset{02}{\overset{\centerdot}{y}}\,\underset{\alpha^2}{\overset{\centerdot}{y}}\pm\underset{02}{\overset{\centerdot}{\overline{y}}}\,\underset{\alpha^2}{\overset{\centerdot}{\overline{y}}}\right)\times 2+\text{etc.}+\left(\underset{on}{\overset{\centerdot}{y}}\,\underset{\alpha n}{\overset{\centerdot}{y}}\pm\underset{on}{\overset{\centerdot}{\overline{y}}}\,\underset{\alpha n}{\overset{\centerdot}{\overline{y}}}\right)\right]\frac{3\,n-1}{3}$$

$$\underset{\alpha}{m}\,2° = \left[\Sigma'\,\underset{01}{y}\,\underset{\alpha^1}{y}\pm\underset{01}{\overline{y}}\,\underset{\alpha^1}{\overline{y}}+\underset{02}{y}\,\underset{\alpha^2}{y}\pm\underset{02}{\overline{y}}\,\underset{\alpha^2}{\overline{y}}+\underset{03}{y}\,\underset{\alpha^3}{y}\pm\underset{03}{\overline{y}}\,\underset{\alpha^3}{\overline{y}}+\text{etc.}+\underset{on}{y}\,\underset{\alpha n}{y}\pm\underset{on}{\overline{y}}\,\underset{\alpha n}{\overline{y}}\right]\times(1-n')\times$$

$$\overset{\centerdot}{\underset{\alpha}{m}}\,2° = \left[\underset{00}{\overset{\centerdot}{y}}\,\underset{\alpha^0}{\overset{\centerdot}{y}}\pm\underset{00}{\overset{\centerdot}{\overline{y}}}\,\underset{\alpha^0}{\overset{\centerdot}{\overline{y}}}+\underset{01}{\overset{\centerdot}{y}}\,\underset{\alpha^1}{\overset{\centerdot}{y}}\pm\underset{01}{\overset{\centerdot}{\overline{y}}}\,\underset{\alpha^1}{\overset{\centerdot}{\overline{y}}}+\underset{02}{\overset{\centerdot}{y}}\,\underset{\alpha^2}{\overset{\centerdot}{y}}\pm\underset{02}{\overset{\centerdot}{\overline{y}}}\,\underset{\alpha^2}{\overset{\centerdot}{\overline{y}}}+\text{etc.}+\underset{on}{\overset{\centerdot}{y}}\,\underset{\alpha n}{\overset{\centerdot}{y}}\pm\underset{on}{\overset{\centerdot}{\overline{y}}}\,\underset{\alpha n}{\overset{\centerdot}{\overline{y}}}\right]\times n'\times$$

$$\underset{\alpha'}{m}\,3° = \underset{01}{y}\,\underset{\alpha^1}{y}\pm\underset{01}{y}\,\underset{\alpha^1}{y}\,x^2\frac{(1-n')^2}{2}\times$$

$$\overset{\centerdot}{\underset{\alpha}{m}}\,3° = \underset{00}{y}\,\underset{\alpha^0}{y}\pm\underset{00}{y}\,\underset{\alpha^6}{y}\,\frac{x^2\,n^2}{2}\times$$

$$\left.\begin{array}{l}\\\\\\\\\\\\\end{array}\right\}\begin{array}{l}\times x^2\text{tg}.\alpha=\\[4pt]\dfrac{}{2}\\[6pt]=\underset{\alpha}{M}+\overset{\centerdot}{\underset{\alpha}{M}}\end{array}$$

Ces moments $\underset{\alpha}{M} + \underset{\alpha}{\dot{M}}$ sont ceux de l'accroissement du volume de l'Ar et de la réduction du volume de l'Av ou *vice versa* que l'inclinaison latérale α impose et, comme ce n'est, ainsi que nous venons de le rappeler au f° 75, que par les moments qu'on peut déterminer la mesure des différences de tirant d'eau ce n'est que par les moments qu'engendreront deux autres volumes ajouté l'un déduit l'autre, par une différence de tirant d'eau moments $\underset{A}{M} + \underset{A}{\dot{M}}$ qui égaleront en les compensant les $\underset{\alpha}{M} + \underset{\alpha}{\dot{M}}$ dont nous venons de déterminer la valeur, que nous pourrons obtenir la mesure de cette différence.

Mais ces volumes sont d'une forme toute différente des premiers et afin de les distinguer les uns des autres nous avons désigné ces derniers par $\underset{A}{V}$ et $\underset{A}{\dot{V}}$ vu qu'ils sont engendrés par l'inclinaison longitudinale dont la mesure est l'angle que nous désignons par A tandis que nous avons désigné les premiers par $\underset{\alpha}{V}$ et $\underset{\alpha}{\dot{V}}$ vu qu'ils sont engendrés par l'inclinaison latérale dont la mesure est l'angle que nous avons désigné par α.

Pour transformer $\underset{A}{V}$ et $\underset{A}{\dot{V}}$ en moments, et obtenir en fonction de tang. A les moments qui doivent compenser $\underset{\alpha}{M} + \underset{\alpha}{\dot{M}}$, nous devons opérer comme au f° 72 en observant que pour $\underset{A}{V}$ 1° et 2° la hauteur de la première surface qui est sur la $\underset{1}{V}t = x(1 - n')$ tang. A la hauteur de la seconde $= (x(2 - n'$ $+$ etc. et pour la dernière cette hauteur est $x(n - n')$ tang. A pour $\underset{A}{\dot{V}}$ 1° et 2°, la hauteur de la première surface qui est sur la $\underset{1}{V}t = x n'$ tang. A (la 2° n° 1 $= x(1 + n')$ la 3° n° 2 $= x(2 + n') +$ etc. et sur la dernière $x(n + n')$ tang. A.

Ainsi appliquant à ces surfaces la formule du f° 49 nous trouvons que les moments du volume Ar de la $\underset{1}{V}t$ et comptant de cette V_t sont la première surface $\times \frac{1}{6}$ soit par $\frac{1}{3}$ vu la signification de Σ' adoptée $\mathrm{f^o}$ 46 plus la seconde $\times$ 1 plus la troisième $\times 2 +$ etc. $+$ la $\mathrm{n^{ième}} \times \frac{(3\,(n-1)-1)}{3}$ (au lieu de sur 6 vu $\Sigma',) \times x^2$ tang. A.

Et que ceux Av de la V_t sont la première surface $\left(\mathrm{n^o}\ 0 \times \frac{1}{3} + \right.$ la seconde $\mathrm{n^o}$ 1 $\times$ 1 $+$ etc. $+$ la dernière $\mathrm{n^o}\ n \times \left. \frac{3n-1}{3}\right)$ $\times x^2$ tang. A tandis que les volumes V 1° et 2° et $\dot{\mathrm{V}}$ 1° et 2° étant Σ' des surfaces $\times x$ nous pouvons obtenir les valeurs de M 1° $+$ M 2° comme de $\dot{\mathrm{M}}$ 1° $+ \dot{\mathrm{M}}$ 2° d'une seule expression puisqu'il suffit d'ajouter au facteur de chaque surface $x(1-n')$ pour l'Ar et xn' pour l'Av ces additions produisant celle $= \underset{\mathrm{A}}{\mathrm{V}} \times x\,(1-n')$ pour l'Ar et celle $= \dot{\underset{\mathrm{A}}{\mathrm{V}}}\,xn'$ pour l'Av.

On opère de même pour toutes les inclinaisons latérales. Toutefois on trouvera au $\mathrm{f^o}$ 82 une observation de laquelle il résulte que pour les inclinaisons $6\,\gamma\,\delta$ etc. l'expression des surfaces qu'il faut transformer en volumes et en moments pour obtenir la valeur des moments tels que $\underset{\gamma}{\mathrm{M}} + \dot{\underset{\gamma}{\mathrm{M}}}$ (adoptons ici pour exemple cette inclinaison γ) prend la forme suivante :

$$\left[\left(\underset{o}{y}\,\underset{\alpha}{y}\ \mathrm{tang}.\alpha + \underset{\alpha}{y}\,\underset{6}{y}\ \mathrm{tang}.6 + \underset{6}{y}\,\underset{\gamma}{y}\ \mathrm{tang}.\gamma\right) \pm \left(\overline{\underset{o}{y}}\,\overline{\underset{\alpha}{y}}\ \mathrm{tang}.\alpha + \overline{\underset{\alpha}{y}}\,\overline{\underset{6}{y}}\ \mathrm{tang}.6 + \underset{6}{y}\,\underset{\gamma}{y}\ \mathrm{tang}.\gamma\right) \right] + 1/2 \text{ la valeur de}$$

ces y étant celle qui résulte de la condition posée au $\mathrm{f^o}$ 61. Quant aux $\underset{c}{y}$ qui donnent les surfaces, volumes et moments $\underset{o}{\mathrm{M}} + \underset{c}{\mathrm{M}}$ ils sont les ordonnées de la largeur totale de la surface de flottaison à l'inclinaison totale γ, c'est-à-dire à la plus grande de ces inclinaisons sur laquelle on a antérieurement opéré ces ordonnées égalent $\dfrac{\underset{\gamma}{y} + \overline{\underset{\gamma}{y}}}{\cos.\gamma}$ mais peuvent être mesurées graphiquement.

Cette dernière expression complète l'indication des moyens de déterminer les différences de tirant d'eau que provoquent les inclinaisons latérales qui peuvent être à des intervalles inégaux, mais qu'on doit choisir d'après les formes des navires, ce qui permet de continuer l'évaluation de la série des couples que ces inclinaisons font naître et ces couples étant les ordonnées de la courbe indiquée au fº 6 et par la fig. 1, tandis que les abscisses de la courbe sont les fractions indiquées par le nombre des degrés et fractions de degré de l'inclinaison latérale d'une circonférence dont on choisit le rayon arbitrairement, ce qui précède donne les moyens de tracer cette courbe; toutefois l'emploi des moyens obtenus réclame encore des explications.

Il faut d'abord se rendre compte de la différence entre la formule du fº 30 s'appliquant aux prismes carrés et celle que les navires réclament ; la première donne la détermination sur un nombre de degrés très important,(puisqu'il peut, pour certains prismes carrés, s'élever jusqu'à 45°) de la valeur de tous les couples par la simple introduction dans le calcul des facteurs tang. α et sin. α, α pouvant alors exprimer toutes quantités entières ou fractionnaires de degrés depuis 0, jusqu'à la limite à laquelle il vient d'être fait allusion.

Les exigences des formes des navires rendent un semblable résultat impossible: ainsi prenant pour exemple la première inclinaison que nous avons désignée par α, le nombre de degrés que ce signe exprime doit être choisi *a priori* et rester invariable, et il en est de même pour toutes les inclinaisons subséquentes.

Cette première inclinaison sera presque toujours celle dont on aura fait usage pour déterminer, par les moyens indiqués au fº 39, la position du centre de gravité du navire, et dès lors α n'exprimera qu'un nombre de degrés trop réduit pour qu'il y ait lieu à déterminer l'angle A c'est-à-dire la différence de tirant d'eau que cette première inclinaison latérale peut provoquer les x tang. A devenant si réduits qu'ils seraient

inférieurs aux mesures dont on peut graphiquement tenir
compte.

Pour les inclinaisons ultérieures qui seront à choisir arbitrairement, mais soumises à la condition de satisfaire à
certaines exigences des formes que les sections Vt présentent,
il suffit de jeter les yeux sur la *Fig.* 9 pour reconnaitre que
si la position de la surface de l'eau n'incidait pas sur les
parties anguleuses des sections, les surfaces $\dfrac{_0y\ _6y\ \tan.\ 6}{2}$
présenteraient des différences relativement importantes,
différencés qui surgiraient si ces parties anguleuses restaient
entre $_0y$ et $_6y$ ou $_\gamma y$ etc.

Quant à la courbe indiquée au fᵒ 6, si on veut la tracer
la détermination de plusieurs couples devient nécessaire et
alors c'est la position plus ou moins abaissée des parties
anguleuses au-dessous de la surface de l'eau, le navire droit,
qui indique si le numéro de la mesure de l'inclinaison faisant
passer la surface de l'eau par ces parties doit être γ ou
δ ou etc.

Mais, ainsi que nous l'avons remarqué dès le début, c'est
bien plus par les enseignements médiats qui en résultent
que par les mesures qu'on en peut obtenir que les études
sur la stabilité sont utiles. Les indications qu'on peut en
obtenir sur les formes qui tendent le plus à augmenter la
stabilité et *à diminuer les mouvements de roulis*, doivent
être le but principal de ces études.

Quant aux applications aux navires à voiles, et à bien plus
forte raison aux vapeurs, deux ou trois évaluations suffisent:
la première, celle qui permet de déterminer la position du
centre de gravité du navire dans des conditions de charge
déterminée par les tirants d'eau Ar et Av, les autres, celles
qui amènent les parties du pont à la surface de l'eau, car
cette inclinaison est un maximum qui ne doit jamais être
excédé. Les études qui précèdent démontrent que, dès que

le pont passe au-dessous de la surface de l'eau, le volume qui s'immerge en plus reçoit une réduction importante et que dès lors les accroissements de la force de côté subissent des réductions qui croissent rapidement.

Ce n'est que pour les cas tout exceptionnels de la création d'embarcations qui doivent revenir quille en bas dans quelque position qu'on les place, condition qui n'est exigible que pour les bateaux de sauvetage et même avec certaines réserves, que le tracé de toute la courbe donnant les couples depuis l'inclinaison 0 jusqu'à 180° ou *vice-versa* est reclamé.

Quant aux réserves, il est évident qu'un bateau de sauvetage ne pouvant être renversé sans que la mer soit très agitée, quelques exceptions à la valeur négative que doivent présenter tous les couples qui surgissent quand on prend pour point de départ le bateau renversé sa quille au sommet ne présenteraient aucun inconvénient pourvu que la dimension des couples positifs qu'on ne pourrait éviter fût, ainsi que celle des abscisses sur lesquelles ils se produiraient, très réduite et que cet inconvénient, apparent mais non réel, ne se renouvelât pas. Il est indispensable de remarquer que pour ces bateaux le maximum de la stabilité dont leurs dimensions sont susceptibles est au moins aussi indispensable que la faculté du retour spontané quille en bas, et que ces deux conditions donnent naissance à des exigences opposées. Après cette courte digression je reviens de suite au mécanisme des tracés qui sont exigés pour l'application des expressions qui précèdent : car les obligations qui résultent de la confusion qu'une autre manière de procéder rendrait inévitable et qui imposent, d'une part, de faire varier les droites qui représentent la surface de l'eau tandis que c'est le navire qui change de position, et d'autre part, de ne tracer qu'un des côtés du navire, imposent aussi un examen attentif des conséquences de ces conditions. Pour le faire, nous devrons désigner par les mots techniques *tribord* et *babord* les rôles que le tracé de chaque côté des Vt remplit successivement, quand le navire est incliné : *tribord* est à la droite de la personne placée à l'*Ar* et regardant l'*Av*, et *babord* l'autre côté.

Quand le navire est incliné, le volume cesse d'être symétrique par rapport au plan dont *A B* est la projection sur les V*t*.

La forme des navires provoque toujours aux premières inclinaisons un abaissement du point d'incidence de la surface de l'eau sur l'ex-verticale *A B*, c'est-à-dire une émersion de cet axe, et nous avons constaté que cette émersion est *ct*. tang. α pour la première inclinaison. Prenons pour hypothèse *tribord s'émergeant* et sur les sections V*t* représentant ce côté du navire, la mesure *ct* sera au-delà de *A B* : ainsi pour les V*t* de la partie d'*Ar* qui sont à la gauche de celui qui voit le tracé, la mesure *ct* sera à la gauche de *A B* quand ces V*t* représenteront le côté de bâbord et à la droite de cette ex-verticale quand ces V*t* d'*Ar* représenteront le côté de tribord, et, puisque je me suis conformé à l'usage en plaçant les V*t* de la partie d'*Av* au côté de la verticale *A B* opposé à celui des V*t* d'*Ar*, ce sera à la droite de *A B* qu'on portera la mesure *ct* quand les V*t* représenteront le côté de tribord, et à la gauche quand ces V*t* représenteront le côté de bâbord.

Il résulte de la position des incidences de l'horizontale présentant la surface de l'eau à l'inclinaison α ou 6 ou etc. sur l'ex-horizontale, incidences dont *ct* donne la position, que la droite présentant la surface de l'eau à chacune de ces inclinaisons, pour un côté, est prolongée de l'autre sur les tracés (voir la *fig.*9); mais ce prolongement n'indique pas la continuation de la projection de la surface de l'eau. Il ne provient que de l'obligation de présenter, sur chacun des côtés dont un seul est tracé, les droites, projection de la surface de l'eau pour l'un et l'autre côté. Ces droites forment avec l'ex-horizontale des angles dont la mesure est celle de l'inclinaison, et elles sont, cela est évident, celle qui affère au côté immergé en plus, supérieure à l'ex-horizontale, l'autre inférieure à cette droite et *vice-versa* pour l'autre côté; mais les verticales *A' B'* forment avec l'ex-verticale *A B* des angles égaux à ceux que l'horizontale forme

avec les ex-horizontales. Ces verticales A' B' incident, l'une à
une des extrémités des deux ct, l'autre à l'extrémité opposées
de ces deux mesures qui sont prises l'une de droite à gauche,
l'autre de gauche à droite de $A\,B$ comme nous l'avons constaté plus haut, d'où il résulte, la partie d'Ar étant sur le
tracé à la gauche de $A\,B$, qu'alors que tribord s'émerge,
c'est sur l'extrémité de ct qui est à la droite de $A\,B$, que la
verticale $A'\,B'$ afférante au côté de tribord incide quand cette
partie d'Ar représente tribord, tandis que c'est sur l'extrémité
de la ct opposée qu'incide l'autre projection de $A'B'$ afférante
du même côté quand cette partie représente babord, et *vice-
versa* pour la partie d'Av tracée à la droite de $A B$ d'où cette
loi générale, si par l'inclinaison l'ex-verticale $A\,B$ s'émerge,
l'incidence des deux droites, l'ex-horizontale et la nouvelle,
est de ct en deçà de $A\,B$ vers le côté qui s'immerge en plus,
et au-delà pour le côté qui s'émerge.

Ces observations étaient indispensables et les résultats
qu'elles signalent doivent être examinés et bien compris :
car il résulte de l'observation du f° 82 relative à l'utilité de
faire passer par les parties presqu'anguleuses des Vt la projection de la surface de l'eau à l'une des inclinaisons dont
l'adoption est laissée à l'auteur du plan, que la totalité des
volumes qui se trouvent émergés ultérieurement par les
inclinaisons plus grandes doivent être subdivisés, et il en est
de même pour les volumes immergés en plus quand les inclinaisons excèdent celle qui amène le pont à la surface de
l'eau. Il faut donc alors considérer l'augmentation nouvelle
d'inclinaison $C\,p$ comme indépendante de la précédente.
$$\gamma$$

Désignons ces deux inclinaisons par γ et δ, les v et $\bar{v}$ ont
$$\gamma \quad \gamma$$
été déterminés pour l'évaluation du couple Cp et de plus
$$\gamma$$
par les moyens indiqués au f° 77 la mesure de l'angle C l'a
été aussi, ce qui a permis de tracer sur chaque Vt, en traits
qui doivent disparaître après qu'on en aura fait usage pour

le calcul, la projection de la surface de l'eau sur le côté émergé comme sur l'autre. La distance qui sépare ces traits est constante, elle $= x$ tang. C, et les deux premiers traits l'un au-dessus, l'autre, au-dessous de la projection de la surface de l'eau le plus approchée de l'axe d'oscillation C sont à $\pm\, x\, n$ tang. C l'un et l'autre $a \pm x\, (1 - n)$ tang. C, de cette projection.

Dans ces conditions, pour obtenir le complément des volumes $\overset{-}{\underset{\delta}{v}}$ et $\underset{\delta}{v}$, complément que nous allons désigner par $\underset{\delta}{v}\, 2^{\circ}$ et $\overset{-}{\underset{\delta}{v}}\, 2^{\circ}$, il faut opérer comme nous l'avons fait pour obtenir les $\underset{\alpha}{v}$ et $\overset{-}{\underset{\alpha}{v}}$ traçant les projections de la surface de l'eau à l'inclinaison δ sur la figure où sont déjà tracées ces mêmes projections à l'inclinaison γ sur chaque Vt. Ces nouvelles projections incident sur les extrémités des ct ainsi que les perpendiculaires à la surface de l'eau remplaçant l'ex-verticale $A\,B$ de l'inclinaison $\underset{\gamma}{o}$; pour cette opération, qui est un peu compliquée mais dont on se rend un compte exact par un examen attentif des tracés provisoires indiquant les projections de la surface de l'eau aux deux inclinaisons γ et δ sur le tracé des Vt, il faut observer que le $\underset{\gamma}{ct}$ se mesure de AB sur chaque Vt.

$\underset{\gamma}{Ct}$ ayant rendu égaux $\underset{\gamma}{v}$ et $\overset{-}{\underset{\gamma}{v}}$ on rendra aussi égaux $\underset{\delta}{v}\, 2^{\circ}$ et $\overset{-}{\underset{\delta}{v}}\, 2^{\circ}$ en obtenant par les moyens employés pour déterminer $\underset{\gamma}{ct}$ une seconde constante $\underset{\delta}{ct}$ à ajouter à la première, ou a en déduire en tenant compte, soit graphiquement, soit par les moyens trigonométriques, des directions différentes de ces ct qui proviennent de l'angle $\delta - \gamma$.

Mais ici, comme pour les inclinaisons précédentes, il faut obtenir le moment des $\underset{\gamma}{v} + \underset{\delta}{v}\, 2^{\circ}$ et de $\overset{-}{\underset{\gamma}{v}} + \underset{\delta}{v}\, 2^{\circ}$ les $\underset{\gamma}{v}$ devenant

les v_δ 1°. Pour les moments de v_γ et de $\bar{v}_\gamma$ ils s'obtiennent
facilement, puisqu'il résulte de l'opération qui a déterminé
Cp_γ qué le centre de ces volumes comptant de l'ex-verticale AB
est connu. Leurs moments pour la détermination du couple
à l'inclinaison δ sont le produit de chaque v_γ par la distance
de son centre aux $A'_\gamma\ B'_\gamma$ de l'inclinaison γ qui incident sur les
extrémités de ct_γ pour chaque bord. Quant aux moments
des v_δ 2° et $\bar{v}_\delta$ 2° que ct_δ rend égaux, on les tirera de l'expression du f° 62.

Pour conclure je signalerai que dans ce qui précède on
trouve les moyens de satisfaire toutes les exigences que fait
surgir le tracé de la courbe entière.

1° *Pour les volumes* : Nous avons constaté fᵒˢ 42 à 43
qu'on peut prendre pour le cube d'un volume le produit
de la sommation Σ' des aires de ses sections par des plans
équidistants et auxquels son axe longitudinal est normal,
multipliée par la distance entre chacune de ces sections.

2° Toute surface peut être décomposée en triangles, et
l'aire de tout triangle égale la moitié du produit de la distance
entre deux perpendiculaires à une droite tracée sur le même
plan que le triangle et passant par les deux angles extrêmes
quand on la multiplie par la mesure d'une section du triangle par une autre perpendiculaire à la même droite passant par le troisième angle.

3° *Pour les moments :* Nous avons constaté aux fᵒˢ 48 et 49
que ceux mesurés d'un plan normal à l'axe du volume dont
$\Sigma'\,S\,x$ est le cube sont comptant d'une de ces S à laquelle

on donne le n₀ 0, donnant les nᵒˢ 1, 2, 3, etc. aux suivantes

$$\Sigma'\left(\underset{0}{S} \times \frac{1}{3} + 1\underset{1}{S} + 2\underset{2}{S} + \text{etc.} + \underset{n}{S} \times \frac{3n-1}{3}\right) x^2$$ et le complé-

ment de cette manière d'opérer est donné aux fᵒˢ 68 et 69.

4° Enfin nous avons constaté aux fᵒˢ 62 et 63 (1) qu'on peut considérer comme moments d'un volume comptant de plans parallèles à l'axe longitudinal le produit de la sommation Σ' du moment de chaque surface mesurée du même plan multipliée par x. Il ne reste donc

5° pour compléter le moyen de déterminer les moyens d'ob-tenir le centre de gravité de chacune des surfaces décompo-sées en triangles, que la détermination du centre de chaque triangle et la distance de ce centre à un plan normal à celui sur lequel le triangle est tracé ; or la détermination trigo-nométrique exigeant des développements un peu étendus, on relèvera cette mesure graphiquement, ce qui sera très-facile, puisque le centre de tout triangle est l'intersection de droites passant par chaque angle et divisant le côté opposé en deux parties égales.

L'indication des moyens d'obtenir la valeur des $C\,p$ à toutes les inclinaisons étant enfin complétée, je crois avoir passé en revue toutes les questions que l'auteur d'une construction navale peut soumettre aux lois de l'analyse : celles qui sont à examiner maintenant ne reposent que sur des raisonnements et des considérations qui donnent lieu à des appréciations souvent très divergentes. Cependant je considère le reste de la tâche que j'ai prise comme moins aride et moins ardue que ce qui précède et je dois tenir à la compléter, mais les développements que je n'ai pas pu éviter ont excédé mes prévisions, et plusieurs de mes collègues qui désirent s'absenter étant retenus par le besoin de réviser les épreuves

---

(1). Il faut signaler ici l'omission du facteur x qui eût dû figurer dans les expressions de ces folios ainsi que le dernier alinéa du fᵒ 61 l'indique. Cette omission est relevée aux *Errata*.

de leurs œuvres qui doivent figurer dans le volume que notre Société fait imprimer, je dois renoncer à compléter immédiatement le résumé qui y a été admis, et en renvoyer la seconde partie à la fin du volume.

En terminant la première, je ferai à l'indulgence de ceux qui l'étudieront un appel que j'eusse dans tous les cas dû réclamer, mais qui est d'autant plus indispensable que si j'avais pu coordonner les diverses parties de mon travail j'y eusse introduit bien des améliorations et surtout des abréviations que l'obligation dans laquelle je me suis trouvé de livrer à l'impression chaque feuille au fur et à mesure qu'elle était écrite ne m'a pas permises.

Cette excuse aura très peu de valeur, je le sais ; je crois cependant pouvoir me permettre de la présenter.

DEUXIÈME PARTIE

DEUXIÈME PARTIE

Moyen de donner exactement à l'extérieur du navire les formes que les tracés du plan expriment et que présente un modèle en relief exécuté suivant ces tracés.

Cette seconde partie est destinée à l'examen des questions qui, échappant aux lois de l'analyse, sont susceptibles d'appréciations très variables; mais avant de commencer cet examen je dois faire remarquer que dans la première partie je me suis dispensé de présenter les moyens auxquels on a recours pour tracer, *de grandeur d'exécution*, les pièces de charpente qui doivent reproduire les formes que l'auteur du navire a adoptées. Deux motifs m'ont semblé autoriser cette abstention. Le premier est qu'alors qu'on a bien compris le mécanisme du dessin linéaire; qu'alors qu'on a, comme on doit le faire pour se rendre un compte exact des formes qu'on adopte, projeté sur des plans, les uns verticaux ou horizontaux, les autres plus ou moins obliques ou inclinés et dans des positions très variées, (1) le tracé des diverses courbes qui sont engendrées par les sections que ces plans opèrent, il est impossible qu'on ait besoin d'indications spéciales pour

---

(1) Dans certains traités d'architecture navale on indique, pour obtenir le tracé des courbes périmètres de sections par des plans inclinés, une opération qu'on désigne par le mot *rabattement*; mais en relevant directement sur les droites projections de ces plans les ordonnées des courbes on en obtient exactement la forme, il est donc inutile de s'arrêter à cette opération.

trouver les moyens d'opérer tous les tracés que les pièces à exécuter réclament.

Le second c'est que les traités dans lesquels les moyens de faire ces tracés sont expliqués avec de grands développements, sont nombreux.

Mais un usage qui, sauf de rares exceptions, est suivi pour la construction des navires, réclame des objections auxquelles je dois consacrer le début de cette seconde partie.

Cet usage consiste à ne reproduire, à l'exécution, les formes que l'auteur des plans du navire doit avoir étudiées et châtiées très soigneusement, que par la charpente destinée à devenir intérieure, c'est-à-dire à être recouverte par les bordages qui pour les navires en bois ont une épaisseur relativement considérable, épaisseur qui, cela soit dit en passant, devrait être augmentée d'une manière assez importante dans la plupart des constructions françaises.

Les changements très sensibles que l'application des bordages fait subir aux formes que le plan réclame pour l'extérieur du navire, se trouveront démontrés par les moyens qui vont être indiqués de donner aux charpentes destinées à recevoir les bordages, les formes requises pour que l'extérieur du navire soit conforme au plan qu'on exécute.

Pour expliquer les moyens de donner aux charpentes des formes qui reproduisent, après l'application des bordages, celles que l'auteur des plans du navire a adoptées, nous observerons d'abord que si au périmètre de chaque Vt les projections des sections par des plans longitudinaux formaient des angles droits avec le plan de la Vt, il serait très facile de déterminer les retranchements à opérer de cette Vt pour la transformer en périmètre d'un membre non dévoyé qui produirait ces formes après l'application des bordages : car avant de procéder à l'exécution on doit toujours avoir déterminé sur les projections principales les distributions des bordages, et dès lors l'obtention des déductions que nous allons, pour la démonstration, considérer comme ayant été opérées n'exigerait que des points donnés par les épaisseurs de chaque bordage portées dans une direction perpendiculaire à chaque tangente des courbes et des droites que le tracé de l'extérieur de la Vt présente, points qu'on obtient au moyen de l'application d'une équerre à angle droit dont le côté tenu perpendiculaire aux tangentes de la Vt, porte l'indication des épaisseurs du bordage à appliquer sur chaque partie de cette Vt.

C'est du tracé intérieur, ainsi exécuté, que nous allons tirer l'explication des moyens de le remplacer par le tracé définitif de la forme qui doit être donnée à chaque membre.

Sur la plate forme sur laquelle on a tracé la Vt sont tracées aussi les droites projections des divers plans par lesquels on a opéré les sections qui ont donné les formes longitudinales, or il suffit de faire incider sur chacune de ces droites une perpendiculaire à la tangente de la partie de l'extérieur de la Vt d'où est mesurée cette perpendiculaire dont la longueur est l'épaisseur du bordage à ce point, pour déterminer l'angle que cette perpendiculaire fait avec la droite projection du plan longitudinal, si nous désignons par α la mesure de l'angle qui vient d'être indiqué, la distance qui, sur la droite projection de la section longitudinale, remplacera l'épaisseur du bordage sera $E \times \dfrac{1}{\cos.\ \alpha}$ aux points où l'extérieur de la Vt est une droite, mais la mesure graphique sera seule employée et elle donnera directement la dimension qui vient d'être exprimée, quelle que soit la courbe de l'extérieur de la Vt. Il faut remarquer que dans le cas où cette courbe serait à court rayon $\dfrac{E}{\cos.\alpha}$ différerait peu de E, car cette mesure deviendrait E si le rayon de la courbe était E, aussi le rapport $\dfrac{1}{\cos.\ \alpha}$ *n'est-il utile que pour les démonstrations qui vont suivre.*

Nous avons reconnu que si les sections longitudinales
formaient aux incidences sur le périmètre de la V*t* des
angles droits avec le plan de cette V*t* la déduction opérée
sur cette V*t* serait exacte et définitive, et en effet c'est le cas
pour le maître couple; mais pour tous les autres elle est
insuffisante parce que sur les projections des sections longitudinales les lignes passant par l'extérieur de la V*t* n'y formant pas des angles droits cela donne naissance à une
nouvelle déviation entre la direction de la perpendiculaire
à la tangente de cette partie de la courbe longitudinale et
celle de la droite projection de la V*t* sur le plan où cette
courbe est tracée. Ainsi reprenant, pour continuer la démonstration, l'hypothèse de droites remplaçant les courbes et
désignant par 6 la mesure de l'angle déterminé sur le plan
longitudinal par les moyens employés pour la détermination
de l'angle analogue α sur le plan vertical, la mesure de la
déduction à opérer sur cette projection de la V*t* sur le plan
longitudinal serait $\dfrac{E}{\cos.6}$ et dès lors celle à opérer de l'intersection de l'extérieur de la V*t* sur la droite projection du
plan longitudinal serait $E \times \dfrac{1}{\cos.\alpha \times \cos.6}$ mais c'est graphiquement et comme celle que nous avons considérée comme
prise du tracé de l'extérieur de la V*t* sur le plan vertical
transversal que se prend la mesure que nous venons d'indiquer par $\dfrac{E}{\cos.6}$ cette mesure toutefois diffère très peu de
l'expression $\dfrac{E}{\cos.6}$ car les courbes longitudinales ne sont
jamais à courts rayons, mais de ces explications quoique
longues et difficiles, il résulte que c'est très promptement et
sans aucune difficulté qu'on tire du tracé de l'extérieur d'une
V*t*. Celui de la charpente qui la reproduira après l'application des bordages: il suffit d'y remplacer à chaque incidence
d'une des droites projection d'un plan longitudinal l'épaisseur E du bordage par celle que nous avons désignée par
$\dfrac{E}{\cos.\alpha}$ opérant sur cette mesure, pour obtenir celle que nous

avons désignée par $\dfrac{E}{\cos.\,\theta}$ comme nous l'avons fait sur E

pour obtenir la mesure que nous avons désigné par $\dfrac{E}{\cos.\,\alpha}$

ce qui transformera cette mesure que nous venons de dési-

gner par $\dfrac{E}{\cos.\,\theta}$ en celle précédemment désignée par

$\dfrac{E}{\cos.\,\alpha \times \cos.\,\theta}$. Mais les expressions qui précèdent ne sont

que des indications destinées à faciliter la démonstration : les courbes exigeant que les mesures ne soient relevées que graphiquement. —

Pour les sections verticales présentant les formes extérieures afférentes aux couples dévoyés, la projection de ces
verticales sur le tracé des sections horizontales qui donne la
forme de ces sections donne aussi toutes les mesures que

nous venons de désigner par $\dfrac{E}{\cos.\,\theta}$. Sur celles des sections

horizontales dont la tangente est perpendiculaire à la projection de la section verticale oblique par rapport aux plans des

$Vt, \dfrac{E}{\cos.\,\theta} = E$ et dès lors la méthode indiquée s'applique

aux membres dévoyés comme à ceux qui sont dans une
direction normale au plan diamétral $A\,B$. Les sections successives qui donnent la forme des *couples dévoyés*, sont opérées
par des plans verticaux qui forment avec ceux de ces plans
qui sont perpendiculaires à l'axe $A\,B$ des angles dièdres qui
deviennent progressivement moins aigus en s'approchant
des extrémités du navire. Enfin, il suffit de se rendre compte
des bases sur lesquelles la méthode repose, pour reconnaître
qu'elle est applicable aux projections de toutes sections
quelle que soit l'obliquité ou l'inclinaison du plan par lequel
la section est opérée ; car si le tracé de la charpente exige
une courbe longitudinale il suffit pour obtenir la réduction
sur cette projection d'y remplacer E par la mesure que

nous avons désignée par $\dfrac{E}{\cos.\,\alpha}$ relevée d'abord sur la pro-

jection verticale toujours graphiquement.

Ici je dois indiquer les moyens de tracer une courbe qui permet de contrôler l'exactitude des résultats qu'on tire du mode d'opérer qui vient d'être expliqué. C'est par un ingénieur d'un mérite reconnu, M. Lelaidier, qui a bien voulu apporter son concours à nos conférences, que le tracé de cette courbe a été indiqué et que les moyens de la tracer ont été expliqués.

Voici comment M. Lelaidier procéde : il divise arbitrairement son maître couple, la Vt maxima, y indiquant chacun des points où il veut faire passer une des sections qui donnent la courbe longitudinale qu'il veut examiner. Admettons que la Vt maxima soit le n° 1, Ar et vu que la manière de procéder est la même pour chacun des points portés sur cette Vt, expliquons-la pour un seul.

De l'un des points que la Vt porte on élève une perpendiculaire à la tangente de cette partie de la Vt perpendiculaire qu'on fait atteindre la Vt suivante soit la Vt_2 ; puis de la Vt_3 on élève, perpendiculaire à la tangente de la partie de cette Vt où elle incide, une droite qu'on place de manière qu'elle rencontre la Vt_2 au point où y incide déjà la perpendiculaire à la Vt_1.

Prolongeant ensuite la perpendiculaire à la Vt_3 jusqu'à la Vt_4 et ainsi de suite : les perpendiculaires aux tangentes des Vt numéros impairs incidant sur les Vt des numéros pairs et au même point sur ces numéros, ou vice-versa si la Vt maxima portait un numéro pair. Traçant ensuite une courbe qui passe sur tous les points où se trouvent les perpendiculaires aux tangentes, on réussit à faire passer cette courbe sur toutes les Vt dans une direction perpendiculaire à la partie de chaque Vt où la courbe incide, puis on opère exactement pour la partie Av de la Vt maxima comme pour la partie Ar ; or, déjà il est évident que pour tous les points où passent des courbes ainsi tracées sur les Vt la mesure que nous avons

désignée par $\dfrac{E}{\cos.\ \alpha} = E\ constamment$. Car en portant l'épais-
seur du bordage dans une direction normale aux plans de tous les points par lesquels la courbe passe on obtient le tracé de l'intérieur de la charpente sur toute la courbe. Toutefois pour l'exécution ce qu'il faut tracer c'est la forme des couples qui est donnée par des projections verticales dont nous avons reconnu la position au f₀ 96, ce qui exige pour les courbes de la description qui précède le remplacement de E par la mesure que nous avons désignée d'abord par $\dfrac{E}{\cos.\ \theta}$ mesure qui seule remplace les deux que la méthode indiquée d'abord exige. Mais on ne peut tracer que des projections de ces courbes ou bien leurs rabattements approximatifs; car elles sont à double inflexion et engendrées par des surfaces gauches. Pour tracer sur un plan longitudinal la forme la plus approchée de cette courbe, suivant ce que M. Lelaidier appelle des rabattements approximatifs, il prend pour ordonnées de sa courbe dont l'axe des abscisses est celui de toutes les courbes longitudinales divisé par l'intersection des Vt, la somme des cordes de tous les petits arcs secant sur la projection verticale transversale chacune des Vt antérieures pour l'Ar postérieures pour l'Av. Ainsi pour la partie d'Ar continuant à admettre que la Vt maxima porte le n° 1. L'ordonnée sur la projection de cette $Vt = $ la somme de toutes les cordes, l'ordonnée sur la projection de la $\underset{2}{Vt} = $ la même somme moins la corde de la $\underset{1}{Vt}$ à la $\underset{2}{Vt}$ et ainsi de suite.

C'est pour compléter la démonstration de l'exactitude sur la manière de procéder indiquée d'abord, que j'emploie ces courbes : car le tracé de leurs projections exige un travail un peu long tandis que les deux mesures que la première méthode réclame, s'obtiennent très rapidement : prenons pour exemple la détermination du point où doit passer à la $\underset{1}{Vt}$ la charpente intérieure sur un plan longitudinal n° 3 horizontal ou incliné tranversalement : tous les autres points passage de cette charpente s'obtiennent de même. Pour déterminer le passage adopté, il suffit de placer sur le plan longitudinal le double décimètre dans la position commandée, 1° par la droite qui sur ce plan est la projection de la Vt. 2° par la dimension E que le double décimètre donne, 3° par la direction sur cette règle de celle de ses divisions qui est l'extrémité extérieure de E et qui doit devenir la tangente du point de la courbe commandé par la position de l'autre extrémité de E puisque celle-ci doit incider sur la droite projection de la Vt, puis de relever avec la même règle la distance de cette incidence au passage de la courbe longitudinale sur la même droite et d'opérer ensuite exactement de la même manière sur le plan vertical où se trouve le tracé de la Vt et la droite projection du plan longitudinal n° 3, en remplaçant seulement la mesure E par la distance relevée sur le plan longitudinal, distance que nous désignons par $\dfrac{E}{\cos. \theta}$ (voir f° 95), et que le double décimètre donne comme il a donné E.

Quant aux inexactitudes qui peuvent se produire sur la direction des tangentes, que l'œil seul indique, elles ne peuvent être que très peu importantes et de plus, aux premiers degrés les différences entre les cosinus et le rayon sont presque nulles.

Le motif du tracé des projections des courbes dont la construction vient d'être indiquée n'est pas en effet l'emploi auquel elles viennent d'être affectées ; mais de constater les directions que les inclinaisons des plans tendent à provoquer.

Convaincu que la constitution de l'eau qui est, pour ce qui concerne les études que nous poursuivons, à considérer comme entièrement incompressible ne permet pas que les frottements sur les carènes suivent les directions que ces courbes indiquent, je n'attache pas à leur forme la même

importance que M. Lelaidier, je préfère même l'examen des
courbes résultant de sections par des plans inclinés vu
qu'on obtient la forme exacte de ces courbes tandis qu'il
faut pour les autres se contenter de projections ou d'approxi-
mations.

---

*Recherches sur les directions dans lesquelles les frotte-
ments de l'eau ambiante se font sur les carènes.*

Les alinéas qui précèdent me conduisent à présenter
maintenant des appréciations sur les directions dans lesquelles les frottements de l'eau peuvent se faire sur les
carènes et je commencerai par indiquer le moyen de constater ces directions que M. Laurencin m'avait promis, dès
1847, de faire exécuter, moyen que j'ai depuis proposé dans
une brochure qui fut imprimée en 1852 (1), et pour lequel
j'ai eu le plaisir de me rencontrer avec M. le capitaine de
vaisseau Mothez. Ce moyen consisterait à introduire dans
une direction normale à la surface extérieure de la partie de
la carène qu'elle traverserait, une tige cylindrique d'un
faible diamètre en métal poli. Cette tige tournerait librement
dans le trou destiné à la recevoir et qu'elle remplirait de
manière à n'occasionner aucune voie d'eau importante.
Elle resterait en saillie de plusieurs centimètres à l'extérieur
de la carène et sur cette saillie il y aurait d'abord une petite
rondelle de 4 à 5 millim. de saillie et de la même épaisseur
et au-dessus un appendice consistant en une plaque de
métal : une girouette ayant de hauteur la saillie de la tige et
de longueur 08 à 10 cent., mais cette girouette serait comme
la rondelle attenante à la tige. Cette tige serait, à son autre
extrémité, munie seulement d'une entaille indiquant la
direction de la girouette.

---

(1) L'édition en est épuisée, mais j'en conserve un exemplaire et le
libraire de Paris, 13, rue de Seine, successeur de M. Comelin, qui
s'était chargé de la vente doit en avoir encore un ou deux exem-
plaires.

Or, comme à l'intérieur la saillie de la tige serait de plusieurs centimètres, on pourrait en la forçant à changer de position s'assurer de l'intérieur du navire si la direction de la girouette à l'extérieur est bien libre de ses mouvements et si l'entaille à l'extrémité de la tige indique bien la direction dans laquelle se fait le frottement de l'eau sur la carène. On pourrait même en éloignant plus ou moins la girouette de l'extérieur de la carène, ce qui se ferait de l'intérieur du navire, constater si une couche d'eau est entraînée par le flottement et quelle serait l'épaisseur de cette couche. Et vu qu'on pourrait ou renouveler l'expérience en appliquant successivement la tige à girouette dans diverses parties de la carène ou bien, et c'est ce qui serait à faire, employer simultanément une série de petits appareils semblables, la direction des frottements sur les diverses parties des carènes et à des vitesses diverses serait exactement constatée.

En l'absence de ce moyen efficace dont l'emploi exigerait ou l'intervention d'un gouvernement ou celle d'un de ces hommes à fortune princière, j'ai moi, pauvre chercheur, essayé de tirer des enseignements de l'emploi de différents moyens et, en dernier lieu, de celui que je vais indiquer et dont l'idée m'a été suggérée par un des conférenciers de l'hiver qui me fait souvent le plaisir de m'accompagner dans les fréquentes excursions que je fais en mer dans le petit cutter dont la fig. 5 donne les formes.

Nous plongeons à l'*Av* un guipon d'abord à la flottaison et le laissons courir le long du bord du bateau suspendu à une petite ligne et bien libre de ses mouvements, puis nous renouvelons la même opération en enfonçant successivement le guipon à diverses profondeurs. A l'*Av* le guipon suit la forme du bateau sans la moindre propension à s'enfoncer ou à s'émerger et sans que les différences de vitesse influencent la direction de son parcours. A l'*Ar* les résultats sont différents : quand la vitesse est très réduite la direction que le guipon suit après avoir dépassé le *M. C.* du bateau n'est pas toujours celle des formes des sections horizontales.

Quand on l'a immergé à une certaine profondeur telle que
50 à 60 cent. il ne tend ni à s'enfoncer ni à s'élever, il suit
une direction qui s'approche de celle de la route, c'est-à-dire
qu'il reste à peu près immobile; mais dès que la vitesse
cesse d'être très réduite, dès qu'elle atteint 3 à 4 nœuds et
plus, le guipon plus ou moins enfoncé continue de suivre la
surface de la carène à la partie d'*Ar* comme à la partie
d'*Av* et arrive ainsi jusqu'au gouvernail; là deux résultats
différents se produisent quand le guipon est au bord du vent
et placé à la flottaison ou très peu au-dessous il reste en contact avec le gouvernail et marche avec; sous le vent après
être venu en contact avec le gouvernail il ne s'arrête pas,
il s'éloigne restant à peu près immobile par rapport à
l'eau, c'est-à-dire qu'il paraît s'éloigner de toute la vitesse
du bâteau; mais un résultat bien digne d'attention c'est
qu'alors qu'il se trouve en arrière du gouvernail le guipon s'enfonce assez vivement ce qui est indiqué par son
manche qui s'immerge.

Ces résultats, sauf le dernier et celui qui se produit quand
la vitesse est très réduite, coïncident avec d'autres essais de
moyens destinés au même but et dont j'ai fait mention dans
ma brochure de 1852, et ils concordent avec mes supposi-
tions sur la direction des frottements sur les carènes, suppo-
sitions dont j'avais expliqué en 1852 les motifs que j'ai repro-
duits dans les conférences de 1872 à peu près dans les
termes suivants: Qu'un modèle de navire soit placé sur une
masse de ces sables assez mobiles pour qu'un sillon profond
qu'on y fait, laisse à peine trace quand le corps qui a creusé
ce sillon est passé, et que ce modèle, enfoncé dans le sable
jusqu'à sa flottaison, soit forcé à tracer le sillon en avançant
horizontalement dans la direction de son axe longitudinal,
sera-t-il admissible que les mouvements qui seront imposés
par la partie d'*Av* au sable qu'elle déplacera, puissent se
faire dans une direction inclinée, tendant à abaisser la plupart des éléments déplacés? Est-ce que les éléments inférieurs
ne s'opposeront pas à la tendance que les supérieurs peuvent avoir? Pour rendre le raisonnement plus évident, rem-

plaçons la mer de sable par une masse de sphères en verre
poli comme les billes qui servent aux jeux des enfants,
mais très petites, et il sera incontestable que chaque
bille en contact avec les plans inclinés de l'avant de
la carène prendra, en se déplaçant, une direction qui
tendra plutôt à s'élever qu'à s'abaisser, quelle que soit la
direction que tendront à lui imprimer l'inclinaison des plans
qui la forceront à se déplacer. La nécessité des résultats qui
viennent d'être indiqués est trop évidente pour qu'il y ait
à insister sur leur exactitude. Pour ce qui me concerne, je
n'hésite pas à le déclarer, je crois que l'incompressibilité
de l'eau s'oppose à ce que les frottements sur la partie d'Av
puissent suivre la direction que l'inclinaison des plans tend
à imprimer, je pense même que l'inclinaison des directions
des frottements doit être plutôt de bas en haut que de
haut en bas et que ces directions ne peuvent pas se rapprocher de celles des projections longitudinales qu'on appelle
des *Lisses* et qui sont des sections par des plans inclinés
dont les projections sur les Vt sont des droites s'abaissant
de chaque bord Quant à croire que le corps flottant, dès
qu'il a quelque importance, peut glisser sur l'eau, cela n'est
pas admissible : les réductions de la masse d'eau déplacée
indispensable pour porter le navire ou l'embarcation, que
peut provoquer la vitesse d'un mouvement horizontal
même très grande, eu égard à la marche des corps flottants,
ne peuvent être que tout-à-fait insignifiantes, cependant il
me paraît presque certain, qu'alors que le tirant d'eau est
très réduit, la direction des frottements doit être autre que
celle qui se produit sur les carènes ordinaires.

Ce qu'il faut examiner maintenant c'est la direction dans
laquelle doivent venir reprendre leur place, mus qu'ils sont
par les pressions des globules ambiants, ceux en contact
avec la carène dont le volume après avoir augmenté jusqu'à
la Vt maxima décroît ensuite.

L'examen de cette seconde question est plus difficile que
celui de la précédente, cependant on doit reconnaître

d'abord que les globules sur lesquels a passé la section Vt maxima étant entièrement dépourvus d'élasticité, ne peuvent être mus à se rapprocher des Vt suivantes dont la surface diminue, que par les pressions des globules ambiants, et que l'absence d'élasticité rend impossible, ainsi que je l'ai fait remarquer dans ma brochure de 1852, qu'aucune de ces pressions puisse agir directement de bas en haut ; mais cette donnée isolée est loin de suffire et j'ai cherché d'autres indications : d'abord en examinant attentivement comment se remplit le vide que laisse derrière elle une surface plane comme une très large pelle d'aviron, placée verticalement et à laquelle on imprime un mouvement rapide dans une direction perpendiculaire à la pelle ; ce vide est très marqué et ce qu'on observe en le voyant se remplir confirme que les éléments de la partie qui lui est inférieure ne jouent qu'un rôle très secondaire : c'est de chaque côté que se précipite la presque totalité de l'eau qui vient remplir le vide.

Cette expérience, toutefois, ne peut se faire que pour un vide très peu important, tandis que j'ai trouvé dans l'ouverture des vannes des écluses de chasse qui jadis fonctionnaient au Havre, et dont les deux issues existent encore à la jetée du sud-est de notre port, l'occasion d'examiner comment se comporte une tranche importante d'eau, privée instantanément de la paroi qui la rendait immobile. On sait que la dernière vanne des écluses de chasse est maintenue par un axe vertical qui divise la vanne en deux parties dont l'une est un peu plus grande que l'autre, d'où il résulte qu'aussitôt que le bord vertical de la vanne du côté qui a un peu plus de surface cesse d'être retenu par le point d'appui mobile qui le maintenait et s'opposait au mouvement spontané que l'excès d'une des deux surfaces tend à provoquer, cette vanne se place immédiatement dans une position parallèle à la direction que l'eau prend en sortant. Les issues de l'écluse du Havre retenaient chacune une surface de 4 à 5 m. de hauteur sur à peu près la même largeur.

Voici ce qui se produisait au moment où la vanne de

chaque issue, en opérant instantanément sur son axe vertical un mouvement de rotation d'un quart de cercle, permettait *l'écroulement* de la tranche d'eau par l'issue que la vanne cessait de fermer, la divisant alors seulement en deux parties presque égales. Cette tranche semblait se diviser en trois zônes horizontales dont l'inférieure s'élançait toujours en avant suivie de près par la zône supérieure, tandis que la zône intermédiaire n'apparaissait pas. Quant au résultat. je l'ai examiné plusieurs fois et je suis convaincu qu'il doit se produire à toutes les ouvertures d'écluses disposées comme l'étaient et le sont même encore peut-être celles du Havre, qui ne fonctionnent plus. Mais pour les causes qui le provoquent je laisse à de plus habiles le soin de les démontrer ; la seule conjecture que je me suis permise relativement au retard de la zône intermédiaire a consisté à supposer que l'accélération de la zône inférieure qui doit être provoquée par le poids des zônes supérieures qu'elle supporte, pourrait donner lieu à un abaissement des deux zônes supérieures duquel il résulterait pour ces deux zones une déviation du mouvement horizontal et dès lors un ralentissement apparent de.ce mouvement, le parcours devenant une diagonale. Quant au retard de la zône intermédiaire ne pourrait-il pas être la conséquence de l'obligation résultant de l'absence d'élasticité, d'entraîner une partie de toute la zône intermédiaire du réservoir sur laquelle le poids de la zône supérieure exerce une pression qui peut en rendre les premiers mouvements plus difficiles et moins rapides que ceux de la zône supérieure qui n'est soumise à aucune pression autre que celle de l'atmosphère?....

Pour reconnaître qu'il doit exister une relation entre les mouvements d'une tranche d'eau abandonnée instantanément à sa propre impulsion et ceux des molécules qui viennent incessamment combler le vide que la carène du navire qui marche, tend à laisser après son passage, il suffit de remarquer que le même résultat se présenterait si la vitesse du navire était assez grande pour que celle de ces molécules dût être, quelle que soit la direction dans laquelle

elles se meuvent, supérieure à la vitesse que l'eau prend à
l'origine de_ son mouvement quand la vanne s'ouvre ; mais
c'est quand nous nous livrerons à l'examen des formes qui
peuvent diminuer la résistance à la marche que nous revien-
drons sur cette observation. Nous devons compléter d'abord
autant que nous le pourrons la recherche des directions
dans lesquelles se meut l'eau qui vient remplir le vide que
le navire en marche tend à laisser après son passage, et il
me semble que les renseignements obtenus par l'emploi du
guipon plus ou moins immergé concordent avec mes observations sur la marche des diverses parties de l'eau que l'ouverture instantanée d'une vanne laisse abandonnées à leur
impulsion spontanée : l'accroissement de l'immersion du guipon lorsqu'il reste en arrière du navire n'est-il pas la conséquence du rôle que la zône supérieure de l'eau accomplit
pour remplir le vide, la conséquence de l'écroulement de
cette zône qui entraîne le guipon ? Il est incontestable,
je crois, que le passage d'une carène, marchant avec une
certaine rapidité, provoque des dénivellements de l'eau
c'est-à-dire que la surface de l'eau qui environne le gouvernail et se trouve à sa suite est plus abaissée que la surface
commune tandis que vers la demi-longueur de la carène la
surface de l'eau ambiante s'élève.

Quant à la différence entre les directions que le guipon
parcourt lorsque les vitesses sont accélérées ou très réduites,
il faut remarquer d'abord que les varangues du bateau sur
lequel j'ai pu faire des essais avec un guipon, étant très
acculées, ce corps enfoncé à peu près perpendiculairement à
une soixantaine de centimètres se trouve à une certaine
distance de la carène, et ce ne peut être qu'à cette circonstance
que son immobilité doit être attribuée : car il est bien
certain qu'il faut, d'où qu'il vienne, qu'un volume d'eau
égal à peu près à la moitié de celui dont toute la partie Av
du maître couple a occupé la place se rende de chaque
côté ou d'ailleurs dans le vide qui sans cela se formerait après
le passage de la carène. La conclusion à tirer de l'immobilité
du guipon est donc qu'alors que la marche est lente la

couche d'eau qui se met en mouvement pour reporter vers
l'*Ar* le volume d'eau que l'*Av* déplace n'atteint qu'une
épaisseur très réduite et cela doit être ; car plus la marche
est rapide, plus promptement il faut que soit comblé le vide
qui tend à se produire et plus grande doit être dès lors la
section de la tranche qui est destinée à venir combler ce vide.
Toutefois l'examen des phénomènes qui se produisent alors
que les vitesses sont très réduites serait sans aucune importance pour les questions de navigation si les conséquences
qu'on peut tirer de cet examen ne pouvaient tendre à aider
dans la recherche des moyens de diminuer les résistances à
vaincre pour obtenir les marches rapides.

Pour terminer les observations relatives aux essais au
moyen d'un guipon plongé successivement à diverses profondeurs, je ferai remarquer qu'ils sont faciles à faire
et que, les résultats qu'ils donnent étant concluants, il me
semble qu'un appel à tous les marins et surtout aux propriétaires de bateaux de plaisance qui, ne cherchant dans la
navigation qu'un passe-temps, doivent y être affranchis de
bien des préoccupations qui peuvent peser sur l'esprit des
autres marins, ne devrait pas rester sans effet et je me per-
mettrai de le leur adresser en les priant de consigner les
résultats de leurs essais dans des rapports *ad hoc* que ces
propriétaires de bateaux de plaisance déposeraient dans
les archives des Sociétés auxquelles ils sont attachés. J'ajou-
terai seulement qu'il résulte de l'immobilité du guipon
observée dans des marches très lentes qu'il est indispensable
pour l'étude de la direction des frottements à l'*Ar* du maître
couple de bien mettre le guipon en contact avec la carène
avant de l'abandonner à sa propre impulsion. Pour les
grands navires le manche du guipon serait remplacé par un
petit manche de gaffe dont la longueur dépendrait du tirant
d'eau et des formes de la carène.

De toutes mes observations il résulte *pour moi* que les
sections longitudinales dont la forme doit commander celles

à donner aux carènes sont celles qu'engendrent les sections
par des plans horizontaux.

Maintenant un examen que nous devons faire et dont
l'importance est incontestable c'est celui des formes qui
peuvent diminuer les résistances à la marche en avant, et
il faut observer d'abord que la direction dans laquelle se
font les frottements longitudinaux n'exerce son influence
que sur la direction qu'il faut donner aux sections qui
engendrent ces formes et que cette direction reste étrangère
à la forme qu'il convient de donner aux courbes périmètres
de ces sections. Mais avant de procéder à l'examen de la
question il faut la bien poser : nous devons donc revenir
d'abord à l'examen des mouvements que la marche du navire
impose aux tiges d'eau qu'il faut déplacer. Nous admettrons
mais provisoirement seulement que c'est dans une direction
déterminée que ce mouvement se fait, et que cette direction
est horizontale et perpendiculaire à celle de la marche.

Dans cette hypothèse si à l'Ar et à l'Av les extrémités du
corps étaient des surfaces perpendiculaires à la direction
de la marche imprimée au corps, il faudrait que le mouvement de l'eau fut d'une rapidité excessive puisque, pendant
que le corps avancerait d'une quantité infiniment petite, le
mouvement qui serait fait par l'eau devrait s'élever à la moitié
de la largeur de la surface et le quotient d'une quantité
finie par un infiniment petit est toujours un infiniment
grand. Ce mouvement serait exigé pour le déplacement du
fluide comme pour son retour à sa position première ; mais
ceci n'est qu'une hypothèse impossible, qu'un point de
départ qui conduit à reconnaître que, si la courbe longitudinale se confond à son origine avec sa tangente, c'est-à-dire
commence par être une droite qui se prolonge sur un certain
espace formant avec la direction de la marche un angle
quelconque dont nous désignerons la mesure par α ; le
déplacement imposé à la tige du fluide sur cet espace serait
sin. α quand la marche en avant serait cos. α et il en serait
de même pour le retour de l'eau après le passage de la

carène d'où si α = 45° la vitesse avec laquelle le fluide serait
rejeté de côté et viendrait reprendre sa place égalerait celle
de la marche en avant; mais ce qu'il faut examiner n'est pas
le mouvement isolé des seuls éléments du fluide qui sont en
contact avec la carène des seuls des globules auxquels nous
avons déjà eu recours que la carène déplace par son contact
immédiat; ce qu'il faut examiner ce sont les influences que
ces éléments exercent les uns sur les autres et malheureusement la direction dans laquelle se meuvent les tiges de ces
éléments, les séries de globules que mettent en mouvement
ceux qui se trouvent en contact avec l'extérieur de la carène
qui en s'avançant les force à s'écarter, n'est pas connue et
ne peut pas même être l'objet d'appréciations offrant de
grandes probabilités d'exactitude. Il faut bien se garder de
confondre la direction dans laquelle les frottements sur la
carène en marche se font avec celle dans laquelle se meuvent
les tiges qu'elle écarte d'abord et laisse ensuite reprendre la
place qu'elles avaient occupée: ces deux directions sont
entièrement étrangères l'une à l'autre. Pour la direction à la
recherche de laquelle ces lignes sont consacrées voici, je
crois, les seules considérations qu'on peut présenter.

Désignons par ε l'angle que le mouvement des tiges fait
avec la droite origine d'une courbe longitudinale qui forme
avec la direction de la route un angle aigu quelconque que
nous désignerons par α et faisons $\varepsilon = 90°$ quand la direction
est perpendiculaire à cette droite et ensuite aux tangentes
de la courbe qui leur succède. Si la direction des tiges incli-
nait vers l'Av, ce que je considère comme absolument
impossible, et que cette inclinaison fut de $0° — α$ chaque
tige serait projetée dans la direction de la marche du navire
qui ne pouvant la rejeter accumulerait l'eau à son avant,
résultat qui évidemment n'a pas lieu. C'est vers l'Ar que les
tiges s'inclinent; mais qu'elle est cette inclinaison?.... Pour
que les globules en contact avec la carène dérangeassent le
moins grand nombre des autres globules il faudrait que
l'angle ε égalât $0°$ en mesurant de l'Av vers l'Ar. Cette
direction se produit-elle, je ne le pense pas, mais je crois que

celle qui se produit ne laisse à ϵ qu'une valeur très réduite si elle excède zéro. Quant à la direction des tiges qui sont déplacées par les globules qui restent en contact avec la carène je crois qu'elles tendent beaucoup à se redresser et que l'angle dont ϵ est la mesure doit croître pour indiquer la direction dans laquelle les globules des secondes, troisièmes couches etc. se déplacent. Toutefois, je le répète en finissant, l'inclinaison sur les projections Vt des plans qui donnent le parcours que suivent sur la carène les globules qui à l'origine de l'Av se trouvent en contact avec elle, inclinaison qui devrait être complétement connue, ne l'est pas et quoique je reste convaincu que la direction de ces parcours s'approche de suivre les plans horizontaux je suis loin de prétendre que cette opinion ne peut être contestée.

Voici maintenant l'opinion qu'un constructeur anglais en réputation (1) a adoptée, sur les courbes longitudinales de moindre résistance et les considérations nécessaires pour expliquer les raisonnements sur lesquels il a basé son opinion.

Quand une courbe longitudinale prenant la direction d'une de ses tangentes commence ou se termine par une droite formant, avec la direction de la route, un angle plus ou moins aigu, la vitesse qui est imposée aux parties de l'eau en contact avec cette droite est constante : si, pendant que le corps a avancé de ,10 cent. l'eau a dû s'écarter de ,04 cent., elle devra s'écarter de ,08 pendant que le corps s'avancera de ,20 cent. et ainsi de suite, ce résultat est la base de l'équation des droites $y = xn$ la seconde ordonnée $= 2$ fois la première, la 3ᵉ trois fois etc. comptant de l'origine de la surface.

Si la courbe est convexe à l'extérieur de la surface conte-

(I) M. Ditchborn. Je suis certain de la consonnance mais je ne le suis pas de l'orthographe du nom. J'ai fait la faute de ne pas la conserver.

nue entre elle et l'axe des abscisses on a la seconde ordonnée $<$ que 2 fois la première ; la 3° $<$ que la première plus 2, fois la seconde et ainsi de suite.

Si au contraire la courbe au lieu de se confondre avec une de ses tangentes présente deux inflexions sur le même plan, y commence par être concave à l'extérieur de la surface, on a comptant toujours de l'origine de la surface la seconde ordonnée $>$ que 2 fois la première ; la 3° $>$ que la première $+$ la seconde et ainsi de suite jusqu'à ce que l'inflexion cesse d'être concave pour devenir ensuite convexe.

C'est sur cet accroissement des mouvements imposés à l'eau par les courbes concaves que le célèbre constructeur anglais a basé sa théorie : il a remarqué qu'alors qu'on imprime à un corps flottant immobile, une traction d'une force constante telle que celle exercée par un fil d'une pesanteur à considérer comme nulle, attaché par une de ses extrémités au corps flottant et qui exerce sur ce corps une traction provenant d'un poids attaché à l'autre extrémité du fil après qu'il a traversé une poulie placée de manière que le poids puisse exercer librement son action et que l'entrée du fil dans la poulie soit à la hauteur de son point d'attache sur le corps flottant, cette traction, à son origine, ne fait prendre au corps flottant qu'une vitesse presque insensible ; mais qui s'accélère jusqu'à ce qu'elle atteigne le maximum de vitesse que la force constante de la traction peut imposer à ce corps et M. Ditchborn admettant que la loi de cet accroissement est donnée par une progression géométrique a adopté comme présentant le moins de résistance les courbes concaves d'abord et dont les ordonnées croissent comme les termes d'une de ces progressions $\div$ tandis que les abscisses ne croissent que comme ceux d'une progression $\div$ soit une courbe logarithmique.

La discussion de cette théorie exigerait des développements qui ne peuvent pas être présentés ici. J'y énoncerai

seulement qu'il y a dans le système de Ditchborn quelque
chose de vrai surtout pour la naissance des courbes.

Il faut plus tard que les ordonnées qui doivent continuer
de croître quand les courbes ont atteint le maximum de la
concavité qu'on veut lui donner, ne reçoivent alors que des
accroissements soumis à une progression décroissante qui
peut être la même progression ÷ en ordre inverse. Mais
une inconnue que le système Ditchborne laisse à fixer arbitrairement c'est la valeur du module et du premier terme
de la progression ÷ ; or de la base du système il devrait
résulter que ce module doit être très exigu ; tandis que si
l'on donne à ce premier terme une valeur exiguë quoique
non fractionnaire l'inflexion de la courbe reste pendant un
parcours d'une certaine importance très réduite : pendant
ce parcours elle s'écarte peu de la direction de l'axe des
abscisses, puis quand elle atteint un certain prolongement
elle prend très vivement une inflexion telle qu'elle s'approche
alors très rapidement de la direction d'une perpendiculaire
à l'axé de ses abscisses et, de l'examen de ces courbes, il
résulte évidemment que *le module et dès lors le nombre des
termes de la progression doivent. avoir une limite minima.*
Quelle est cette limite ? Je n'aperçois pas même la voie
qu'on pourrait prendre pour tenter de déterminer exactement le rapport qui doit exister entre ce module et la
vitesse qu'on cherche à obtenir, seulement il semble que
plus la vitesse doit être grande plus le module devrait diminuer. Enfin, de l'examen des considérations sur lesquelles
les courbes Ditchborn sont basées, il résulte évidemment
que celles de la partie d'*Ar* dont l'effet doit être de faciliter
les mouvements de l'eau qui doit venir remplir le vide que
la marche en avant de la carène tend à laisser, devraient être
convexes extérieurement et prendre des inflexions de plus
en plus grandes, en approchant de l'extrémité de l'*Ar*, application que M. Ditchborn lui-même n'a faite sur les arrières
ni des navires par lui construits ni des plans de navires à lui
attribués que j'ai vus.

Mais les formes des courbes longitudinales sont-elles le seul moyen d'obtenir une diminution de la résistance à la marche du navire ? Je ne le crois pas. L'eau est incompressible mais, de l'absence d'élasticité de ses molécules, résulte-t-il que ses couches inférieures ne présentent aux efforts qui tendent à les déplacer, qu'une résistance égale à celle que les couches supérieures présentent? cela ne peut pas être. Revenant aux globules en verre est-ce que les couches inférieures ne subissent pas la pression des couches supérieures, tandis que la première n'est soumise qu'à la pression atmosphérique.

De ces considérations il résulte que les accroissements des progressions ÷ doivent être inférieurs à ceux de ces résistances car les couches inférieures ne subissent pas seulement la pression des couches supérieures elles doivent avoir à repousser les couches qui pour elles sont ambiantes plus loin que les couches supérieures dont le déplacement se trouve facilité par les dénivellements très apparents qu'elles provoquent.

Quelle est la loi exacte de ces accroissements ?.... Cependant si on plaçait sur un arbre destiné à transmettre le mouvement à un propulseur hélicoïdal, une seule palette présentant une surface plane parallèle à l'axe de l'arbre et qui remplacerait le propulseur, on pourrait déterminer cette loi en constatant la différence entre les vitesses que l'arbre soumis à une force rotative constante prendrait en passant aux divers points de chaque tour. Déjà il est bien reconnu que pendant la rotation des propulseurs qu'on appelle maintenant des *hélices*, les impulsions latérales qui sont provoquées par les ailes pendant qu'elles passent au-dessous de l'arbre sont bien supérieures à celles qu'elles provoquent quand elles passent audessus de cet arbre.

Admettant que les couches d'eau au fur et à mesure qu'elles deviennent plus profondes opposent au corps qui les force à se retirer pour lui faire place une résistance qui croisse seulement comme les termes d'une progression $\div$, nous allons comparer les résistances de la demie de 2 *Vt* ayant la même surface, et pour formes l'une un parallélogramme, l'autre un rectangle, dont les deux côtés attenants à l'angle droit sont l'un la profondeur, l'autre la demi largeur de la *Vt*.

Afin de rendre la solution plus évidente et d'éviter des sommations qui seraient compliquées nous opérerons sur des quantités déterminées. Commençant par le triangle nous lui donnerons pour dimension 7, sur 7, sa surface sera 24,5. Divisant ensuite sa surface en 7 tranches horizontales ayant chacune 1, de hauteur la surface de la 1re tranche sera 1, $\times$ 6,5 celle de la seconde 1, $\times$ 5,5 etc. et la surface totale S, la somme de ces surfaces, sera celle d'une progression $\div$ dont le premier terme $= \dfrac{1}{2}$, la raison $= 1$, et le nombre des termes $= 7$,

$$tnr + \frac{n^2 - n}{2} = S : tn = 3,5 + r\,\frac{(n^2 - n)}{2} = 21 = 24,5.$$

Mais la résistance subie par la 1re tranche du triangle dont la surface est 6,5 sera 6,5 $\times$ 6,5 : 6,5 étant la commune du mouvement imposé à la couche d'eau pour que cette surface puisse passer, soit $6,5^2 \times 1$, car la couche supérieure n'est soumise à aucune aggravation de résistance: la seconde subdivision du triangle dont la surface est 5,5 impose à la tranche d'eau qu'elle déplace un mouvement qui est en commune de 5,5 mais la résistance est double ; enfin la 3e subdivision dont la surface est 4,5 n'imprime à la tranche d'eau qu'un mouvement dont la commune est 4,5 mais alors la résistance est triple etc. Ainsi la somme des résistances que le triangle présente est, éliminant le facteur petit z, que nous avons fait $= 1$,

$$6,5^2 \times 1 + 5,5^2 \times 2 + 4,5^2 \times 3 + \text{etc.} = \underline{\underline{269}}.$$

Pour les comparer déterminons les résistances d'une demi V*t* de la même surface et dont la forme est un carré. Le côté de ce carré $= 4,9498$; ainsi divisant le carré comme nous avons divisé le triangle en tranches ayant de hauteur l'unité, la surface des 4 premières tranches sera $4,9498 \times 1$, qui auront à déplacer les couches d'eau chacune de 4,9498 de longueur et la résistance des 4 premières tranches

$$= \overline{4,9498}^2 \times (1 + 2 + 3 + 4 = 10,) = \qquad 245,$$

La surface de la 5e tranche

$$= \overline{4,9498}^2 \times ,9498 \times 5, = \qquad 116,35 \; 364,35$$

au lieu de 269,

La réduction des résistances qu'on obtient par les formes triangulaires mérite d'autant plus d'être prise en considération qu'on en obtient en même temps une grande augmentation de la stabilité les largeurs à la flottaison étant dans le rapport de 4,9498 à 7,

Un résultat qui confirme d'une manière évidente les réductions de résistance des couches supérieures de l'eau c'est la vitesse qu'obtiennent les bateaux à dérive que Paris a adoptés exclusivement. La supériorité de la vitesse de ces bateaux est si bien constatée que, pour les rivières, on ne peut pas élever d'objection contre la préférence qui leur est donnée. Là en effet qu'un bateau chavire et, pourvu que ceux qui le montent sachent nager ou soient munis de ceintures insubmersibles, l'accident n'est qu'une plaisanterie ; mais en mer c'est tout différent, il y va de la vie et malheureusement plusieurs circonstances s'opposent à ce que les bateaux plats ne restent pas exposés à chavirer entièrement dès que la pression latérale de leurs voiles leur impose une inclinaison qui dépasse certaines limites ; d'une part on ne peut abaisser le centre de gravité de ces bateaux que par le poids de leurs dérives qui est nécessairement très limité, de l'autre leur saillie audessus de l'eau, toujours très réduite fait bientôt passer leurs platbords audessous de la surface de l'eau. On atténuerait ce dernier inconvénient en augmentant la hauteur de la partie émergée ou seulement en plaçant dans leur bel des flotteurs latéraux semblables à ceux dont sont munis les bateaux de sauvetage de mon système ainsi que mon petit cotre l'*Epreuve*, car ces flotteurs ont exactement la forme de la masse d'eau qui en leur absence se trouverait audessus des platbords quand l'inclinaison atteint certaines limites; mais le premier moyen augmenterait le poids et dès lors le déplacement du bateau en élevant son centre de gravité et il serait difficile d'appliquer le second sur ces bateaux entièrement dépourvus de pavois et même de lisses de garde-corps sans provoquer, un aspect disgracieux.

Une dernière conclusion à tirer des considérations sur la réduction des résistances que les couches de l'eau opposent aux corps qui les déplacent à mesure qu'elles s'approchent de sa surface c'est la réduction de la résistance à la marche en avant qu'on obtient des embarcations dont l'avant est un *éperon*. Il est évident que ce volume entièrement submergé tend à donner à la moitié environ des molécules de l'eau qu'il force à lui céder sa place quand le navire marche, une impulsion de bas en haut et qu'il résulte des considérations qui viennent d'être examinées que cette direction doit diminuer la résistance qui est opposée non pas seulement par la couche supérieure mais aussi par les premières des couches inférieures. Car cette direction donnée aux couches supérieures tend à diminuer la pression qu'elles exercent sur les inférieures.

Et si l'impulsion au lieu d'être inclinée était verticale la résistance inhérente à chaque molécule ne recevrait aucune addition autre que celle de l'air qui ne peut être que bien inférieure à celle qui provient du contact qui doit se produire entre des séries de molécules pour que les tiges d'eau en viennent à prendre la direction dans laquelle elles doivent en définitive se retirer. Il est vrai que sans l'éperon, les parties de l'avant qui lui sont supérieures pourraient être plus aiguës mais les couches supérieures déjà mises en mouvement par cet organe doivent d'après les bases du système Ditchborn présenter une réduction de résistance supérieure à celle que l'augmentation de l'acuité de l'avant pourrait obtenir, cette augmentation ne pouvant être que peu importante.

La supériorité de vitesse que le *Renard* de M. Belleguic a obtenue peut être due à d'autres causes puisque l'auteur de ce vapeur fait un mystère des causes auxquelles il doit l'obtention de ce résultat, mystère à mon point de vue très regrettable même dans l'intérêt de l'auteur; mais la forme de l'avant qui consiste en un éperon d'une dimension relativement très considérable joue certainement un rôle important dans le succès obtenu, quant à l'accroissement des qualités nautiques que M. Belleguic annonce avoir obtenu.

Il était depuis longtemps bien reconnu pour le tangage et les coups de mer venant sur l'avant, qu'en adoptant des avants aigus et en reportant les centres de gravité très en arrière on obtenait une réduction considérable de ces inconvénients et la suppression presque complète du dernier dont la gravité est incontestable. Ces résultats je les ai obtenus pour mes bateaux de sauvetage et aussi pour mon petit cotre l'*Épreuve*, et il est bien certain que les avants à éperon tendent à faire progresser de plus en plus dans la même voie, et vers ces importants résultats.

Quant aux roulis, mouvements auxquels on reproche au *Renard* de se livrer avec excès (1), il a été dans les conférences admis sans conteste que cet inconvénient qui se rencontre dans tous les navires à voiles ou à vapeur dont la stabilité n'est provoquée que par le lest, disparaît à peu près entièrement dans ceux dont les formes sont appelées à concourir pour une large part à l'obtention de ce résultat. Malheureusement le mystère que j'ai signalé s'oppose à ce qu'on puisse examiner si la forme des fonds dans le bel du *Renard* pourrait être modifiée sans nuire au système Belleguic.

---

(1) Un jeune capitaine au long-cours qui a assisté à la plupart des conférences avait pendant son service sur les navires de l'État navigué à bord du *Renard*.

Pour terminer cette revue des études qui ont été essayées dans les conférences ouvertes en 1871/72 sous le patronage de la Société havraise d'Etudes diverses sur le sujet que M. Mothez désigne *le navire*, expression brève et vraie que je me permets de lui emprunter, je crois devoir quoique ma personnalité ne puisse pas intéresser les lecteurs *s'il s'en trouve*, afin d'atténuer ce qu'il y a de bizarre dans l'emploi de mes loisirs au genre d'étude auquel je les ai consacrés en grande partie, faire connaître que ce n'est pas uniquement par le *trahit sua quomque voluptas* que j'ai été entraîné dans cette voie. Fils d'un armateur, j'avais cru jusqu'à une trentaine d'années que cette industrie serait celle de toute ma vie, et très jeune j'avais pensé, ce que je pense encore, que l'obligation de bien connaître les outils qu'il emploie s'impose à tout ouvrier et que pour un armateur ses navires sont ses outils. J'avais d'ailleurs été encouragé à continuer des études commencées bien avant que je le connusse, par un excellent ami, M. Fouache, que j'ai perdu il y a plusieurs années. Il avait construit pour la maison dont mon père était le premier associé, des navires d'une dimension très importante pour l'époque et il avait, au lieu d'imiter certains confrères qui affectaient de faire un mystère de leur savoir, mis à ma disposition toutes ses études, et le désir d'en exprimer ici ma reconnaissance suffira, j'ose l'espérer, pour faire excuser cette disgression. Quant à la continuation de ces études tous ceux qui les poursuivront jusqu'à certaines limites, reconnaîtront l'attrait qu'elles présentent ensuite.

En examinant cette seconde partie de l'étude, j'avoue y avoir omis deux indications relatives au tracé de certaines courbes et une observation que le second alinéa du f° 75 de la première partie réclame et je demande la permission de les présenter maintenant à titre de post-scriptum.

La première est relative aux courbes dont l'inflexion est trop réduite pour que les ordonnées de la dimension d'exécution puissent être tirées du tracé de la dimension du plan sur lequel ces ordonnées ne sont souvent que des fractions infimes d'un millimètre. Pour éviter le temps qu'exige le recours aux grandes règles sur la plate-forme et aussi les trompe-l'œil que les nuances engendrent souvent, il est préférable d'adopter le moyen suivant d'obtenir les ordonnées d'une courbe qui se marie très bien avec les accroissements d'inflexion qui surgissent ensuite.

Traçant une droite tangente à cette courbe et la divisant en quantités égales à compter du point où l'ordonnée $= o$, il suffit pour obtenir chaque ordonnée correspondant au numéro de la division de la tangente axe des abscisses, d'élever au carré chacun des numéros des divisions de cet axe et de diviser chaque carré par le diviseur qui donne à la dernière ordonnée calculée de la courbe, la valeur que le plan réclame à ce point où l'accroissement de l'inflexion commence à permettre de déterminer graphiquement la dimension des ordonnées d'exécution d'après celles du plan. La courbe tracée suivant ces indications est un segment de parabole, quel que soit le diviseur commun de chaque carré.

Appliquée aux tontures et prise pour la projection des platbords sur toute la longueur de l'élévation longitudinale, elle leur donne un aspect gracieux: pour cet emploi on élève à l'Av l'extrémité de l'axe des abscisses au-dessus de l'extrémité d'Ar de la hauteur qu'on veut donner à l'Av au-dessus de l'Ar.

Ici il est bon de remarquer que les ordonnées d'une parabole sont les termes d'une progression $\div$ du second ordre dont la raison $(r) = 2$ fois le premier terme (t), car il en résulte le moyen d'évaluer exactement sans relever les ordonnées, l'aire de la surface contenue entre la tangente et la courbe et dès lors de celle entre la courbe et sa corde ; en effet désignant par T le dernier terme de ces progressions du second ordre $T = tn + \dfrac{r(n-1)n}{2}$ soit si $r = 2t, T = tn^2$ et la somme des t, $\int t = t\,\dfrac{n(n+1)}{2} + r\,\dfrac{(n-1)n(n+1)}{6}$ et vu que $r = 2\,t\,S\,T = t \times \dfrac{2\,n^3 + 3\,n^2 + n}{6}$ et enfin retranchant de

cette sommation la moitié de la dernière ordonnée résultat qui nous ramène au Σ' précédemment employé, l'aire de la

surface $= t \times \dfrac{2\,n^3 + n}{6} \times x$. x étant comme dans ce qui a

précédé le quotient de l'axe des abscisses divisé par n. Plus n croit et t et x décroissent plus l'évaluation de l'aire est exacte.

La seconde indication s'applique surtout aux navires en fer; elle est relative aux courbes que les charpentiers appellent *la pente des bordages*. Ainsi que nous l'avons déjà remarqué il convient, quand on a terminé le tracé de toutes les lignes qui expriment la forme extérieure qu'on veut donner à un navire, de tracer sur les élévations longitudinale et transversale les projections des joints des bordages qui doivent présenter sur ces deux projections des courbes d'un aspect agréable.

Les surfaces de ces bordages sont presque toujours gauches, et dès lors ce qu'un plan peut retracer de la forme de ces bordages développés n'est que la projection de leurs formes ou *la forme la plus approchée de celle qu'ils seront appelés à prendre pour envelopper le navire* en faisant usage alors de leur élasticité pour le bois et pour le fer des variations de dimensions qu'on peut leur faire prendre par le jeu des molécules. Les fig. 11 et 11 *bis* mettent en évidence l'obligation de ces variations. La fig. 11 présente la projection d'un quadrilatère gauche et la fig. 11 *bis* la projection du même quadrilatère sur un plan normal au premier et cette seconde projection démontre que la surface contenue dans ce quadrilatère, quoiqu'elle soit engendrée par des droites et que les quatre côtés du quadrilatère soient aussi des droites, contient deux diagonales qui sont des courbes l'une

convexe, l'autre concave (1) ; d'où il résulte que les diagonales
contenues dans un quadrilatère gauche sont plus grandes
que celles qu'une figure plane contenue entre les mêmes
côtés et rectangulaire peut contenir et que pour rendre plane
une surface gauche il faut faire subir à ses diagonales une
réduction de longueur, ce que les ouvriers appellent *rétreindre*,
opération difficile, ou bien faire subir une augmentation à la
longueur des côtés ce qui est très facile.

C'est sur cette remarque que j'ai basé le système de la construction, soit en tôle relativement un peu plus épaisse, soit
en planches doubles, d'embarcations qui conservent exactement, sans aucune membrure, les formes que je considère
comme le plus avantageuses.

Pour les embarcations en bois, la disposition des croise-
ments diffère entièrement de celle que les Anglais ont adoptée : à la Vt maxima je place un bordage dans une position
transversale qui rend verticale sa projection sur l'élévation
longitudinale ; puis, profitant de la différence qui croît progressivement entre la longueur des platbords et celle de la
rablure de la quille, différence provenant du développement
des hauts, tandis que la rablure de la quille n'est qu'une
droite, je fais incliner les hauts des bordages transversaux de
l'*Ar* de plus en plus vers l'*Av* et ceux de l'*Av* de plus en plus
vers l'*Ar*, ce qui permet de composer la seconde épaisseur
qui forme l'extérieur du navire ou de l'embarcation de bordages appliqués exactement comme ceux qui recouvrent la
membrure des constructions ordinaires. Pour augmenter la
pente que les bordages transversaux prennent progressivement, on peut prendre ce qu'on appelle la pente ou le bro-

(1) Les ordonnées de ces courbes dont $\frac{g}{n^2} \times 1 \; (n-1)$ « $\times 2 \; (n-2)$ »
$\times 3 \; (n-3)$ etc., l'axe des abscisses étant les droites AC et BD de la
figure et g désignant le gauche soit la distance du point D au plan ACB
et n le nombre des ordonnées.

chetage que chaque bordage transversal doit subir pour se joindre avec celui qui le précède, en enlevant des hauts les parties très peu importantes toutefois dont ces pentes exigent la suppression.

Les applications de ce système de construction, que j'ai eu l'occasion de faire, tant sur la tôle que sur le bois, et entre autres sur mes bateaux de sauvetage de 10 mètres, prouvent qu'il pourrait être employé avec grand succès pour la construction des navires, dont il diminuerait beaucoup le poids, et dès lors augmenterait la marche, tout en augmentant aussi le rapport de leur capacité à celui de leur volume extérieur.

Voici maintenant la méthode pour obtenir le tracé des surfaces qui approchent le plus de celles que les formes du navire exigent pour couvrir l'espace entre chacun de deux des joints dont la position est donnée par le tracé de leur projection sur les élévations longitudinale et transversale.

Cette opération repose sur les observations suivantes : toutes les Vt étant sur des plans parallèles les uns aux autres, la projection de toute perpendiculaire à ces plans s'étendant de l'une à l'autre de deux Vt successives et au delà, est le même point sur chaque Vt. La longueur de la perpendiculaire entre les deux Vt est connue, nous l'avons désignée par x : il suffit donc, pour déterminer la longueur de toute droite plus ou moins oblique ou inclinée s'étendant de l'une à l'autre des deux Vt successives, de tracer sur une feuille bien plane, et pour laquelle il est bon de choisir du papier très fort, une droite dont la longueur $= x$ et à l'une des extrémités de cette ligne une autre droite exactement perpendiculaire à la première et de porter sur cette dernière droite la distance qui sépare l'incidence sur l'une et l'autre Vt des deux extrémités de la droite plus ou moins inclinée dont on veut obtenir la longueur. C'est de l'incidence de la première sur la seconde des deux droites tracées sur la feuille séparée qu'on porte la distance entre l'incidence des deux extrémités de la droite sur les deux Vt, et il est évident que *la longueur de la droite oblique ou inclinée est la distance entre l'extrémité de la première des deux droites et le point reporté ensuite sur la perpendiculaire à cette première droite.*

Pour obtenir la forme la plus approchée de celle que le bordage appliqué doit prendre, on trace sur une troisième feuille de dimension à présenter cette forme sur toute la longueur de chaque bordage une perpendiculaire à la longueur de la feuille, plaçant cette droite vers la demi-longueur, en tenant compte de la position de la Vt maxima, qui est souvent en arrière de la demi-longueur des bordages.

Le tracé de la projection des joints sur l'élévation transversale donne la largeur de chaque bordage à son incidence sur chaque Vt en mesurant parallèlement à la Vt. On relève sur la Vt maxima la largeur du bordage dont on veut tracer la pente et on pointe cette largeur sur la perpendiculaire élevée vers la demi-longueur de la feuille destinée à recevoir ce tracé. Ensuite (admettant que l'on commence par le can de bas du bordage) on détermine la longueur de la partie comprise entre les deux Vt successives par le moyen qui a été indiqué et qui consiste à porter sur la perpendiculaire à la première droite tracée sur la première feuille détachée la distance qui sépare l'incidence du can de bas du bordage sur les deux Vt successives, la longueur de ce can est donc déterminée graphiquement, ainsi que nous venons de le constater au folio précédent. On la relève avec un compas à crayon dont on place ensuite la pointe sèche au point inférieur de la largeur du bordage sur la Vt maxima largeur qu'on a portée sur la 2e feuille destinée à présenter la forme du bordage, et on trace sur cette feuille avec le crayon du compas un arc de cercle, passant par une perpendiculaire à la ligne sur laquelle on a porté cette largeur du bordage sur la Vt maxima.

On opère ensuite exactement de la même manière pour

déterminer la longueur du can de haut de la même partie
du même bordage, longueur qui sert de rayon à un second
arc qu'on trace en prenant pour centre le point supérieur
des deux qui sont sur la verticale tracée sur la seconde
feuille, et qui sont séparés par la largeur du bordage à la
Vt maxima.

Retournant alors aux tracés des Vt on y relève la distance
entre l'incidence du can supérieur du bordage avec la
Vt maxima et l'incidence du can inférieur de ce bordage
avec la Vt suivante et reportant cette distance sur la perpendiculaire à x tracée sur la première feuille détachée on en
tire avec le compas à crayon la longueur de la diagonale
depuis l'incidence du champ de haut du bordage sur la Vt
maxima jusqu'à l'incidence du champ de bas sur la Vt suivante, ce qui permet de déterminer la position de cette incidence sur le tracé du bordage en plaçant la pointe sèche
du compas au point d'incidence du can de haut du bordage sur la Vt maxima et en traçant avec le crayon de
l'autre pointe un très petit arc croisant celui tracé déjà et
dont le rayon était la longueur de la partie du can
de bas du bordage s'étendant entre les deux Vt successives.

Opérant ensuite de la même manière on détermine la
longueur de la diagonale depuis l'incidence du can de
bas sur la Vt maxima jusqu'à l'incidence du can de haut
sur la Vt suivante, ces incidences de la longueur du can
de bas avec la première diagonale et du can de haut avec
la seconde, forment deux triangles et la distance entre les
sommets des deux triangles sera la largeur du bordage sur
la Vt avant ou après celle qui a été prise pour point de
départ et qui doit toujours être la Vt maxima pour le tracé
du premier quadrilatère de la partie d'Ar comme de la
partie d'Av. Mais quand la surface est gauche, et celles des
bordages appliqués le sont presque toujours, la distance
entre les sommets des deux triangles n'est que la projection
de la largeur réelle et c'est sur la Vt qu'il faut relever cette

largeur réelle qu'on doit introduire afin d'obtenir la surface nécessaire pour couvrir sur le corps du navire le quadrilatère formé par les deux joints et les sections verticales supposées (les Vt). Pour obtenir la surface à laquelle il faudra imposer le moins de variations en la gauchissant on porte à une distance égale au delà du sommet de chaque triangle le petit excédant de la largeur du bordage. C'est en prenant pour point de départ les deux extrémités de cette largeur du bordage sur la seconde Vt portées, comme cela vient d'être indiqué, sur une droite passant par les arcs extrémités des longueurs du can de bas et du can de haut qu'on obtient en opérant de la même manière que pour le premier, la forme et la dimension de chacun des quadrilatères subséquents. Pour ceux qui terminent le bordage on remplace sur la 1re feuille détachée la dimension x par les distances auxquelles les extrémités du bordage se trouvent de l'avant-dernière Vt.

L'opération est un peu longue mais en employant plusieurs compas, dont alors les ouvertures ne subissent que des changements peu importants, on l'abrége beaucoup. L'exécution est dans tous les cas moins longue que les indications sur la manière de procéder.

Quand tous les quadrilatères sont tracés, c'est une courbe qu'on fait passer par tous les points extérieurs qui donne la forme du bordage qui doit couvrir et couvre en effet exactement tout l'espace entre deux joints tracés. Pour le fer si les joints sont à recouvrement on ajoute, bien entendu, toute la partie qui doit être recouverte.

Quant à l'observation réclamée par la première partie elle est relative à la constatation des différences de tirant d'eau que les inclinaisons latérales provoquent. Si cette constatation me paraît nécessaire c'est que j'ai la conviction qu'il est assez avantageux qu'une émersion de l'Av soit provoquée par les inclinaisons latérales, pour que je considère l'obtention de ce résultat comme indispensable et c'est la justification de cette opinion qui exige l'addition de ce dernier paragraphe. Il suffirait peut-être de rappeler que pour les navires à voiles et les vapeurs à roues la propulsion venant d'en haut tend à faire plonger l'Av : car pour les premiers la force de cette propulsion croit, la plupart du temps, quand l'inclinaison latérale augmente et pour les seconds dont l'Av reçoit une impulsion plongeante d'autant plus forte que la force qui les porte en avant est plus grande, toute augmentation de l'immersion de l'Av provoquée par les inclinaisons latérales offrirait un inconvénient d'autant plus grand qu'il faut pour que ces inclinaisons se produisent que le vent soit très fort et que dès lors la mer soit grosse. Quant aux vapeurs à propulseur héliçoïdal un motif tout différent réclame le même résultat: si les inclinaisons latérales provoquaient une émersion de leur Ar, leurs propulseurs, qui nécessairement suivraient ce mouvement perdraient une partie de leur action. Toutefois il faut bien remarquer que pour les vapeurs les différences de tirant d'eau que les inclinaisons latérales imposent doivent être très réduites parce que ces navires qui naviguent souvent sans voiles sont dès lors plus que les navires à voiles, soumis à des oscillations sur leur axe longitudinal et que ces oscillations augmenteraient les mouvements de tangage si elles provoquaient des différences de tirant d'eau de quelque importance, ce qui serait un inconvénient alors même que ce serait une émersion de l'Av qui aurait lieu. Cette dernière remarque commande d'une manière toute spéciale le recours aux calculs dont la conclusion est formulée au f° 80 de la première partie de ces études. Mais pour apprécier les inconvénients qui peuvent en résulter, si on ne tient aucun compte des différences d'immersion entre l'Ar et l'Av que les inclinaisons latérales peuvent provoquer sur certaines formes de carènes, il faut se reporter en arrière et rappeler que pendant la première moitié du siècle qui approche de sa fin on admettait comme une règle incontestée qu'il fallait qu'un navire fût gros devant et fin derrière pour qu'il eût une belle marche et de bonnes qualités et il ne faut pas être bien vieux pour avoir vu bon nombre de navires construits suivant cette bizarre prévention.

Quant aux causes qui l'avaient provoquée il est plus que probable que pendant longtemps on ne s'était occupé pour obtenir l'accélération de la marche des navires que des formes de leurs avants et que les succès obtenus par les premiers emplois d'arrières aigus avaient provoqué une de ces réactions auxquelles l'esprit humain cède presque toujours. Quelle que soit la valeur de cette supposition les résultats dont le narré l'a provoquée ne remontent pas à une date assez ancienne pour qu'il soit possible que leur exactitude soit révoquée en doute. La prévention relative aux avantages que l'acuité des arrières présente porte même encore des traces : car quelque évident qu'il soit que l'eau qui est forcée à quitter sa place doit présenter une résistance plus grande que celle qui est entraînée par son impulsion spontanée vers le vide qu'elle doit combler, le nombre des navires dont les parties d'*Ar* sont d'une acuité exagérée est très considérable surtout dans les constructions françaises.

Mais dans ces anciens navires gros devant et fins derrière il fallait, pour maintenir la hauteur de leur *Ar* et de leur *Av* au dessus de l'eau dans un rapport convenable, pour les maintenir ce qu'on appelle *en tonture*, beaucoup surcharger leurs avants d'où il résultait nécessairement, leurs formes latérales au dessus de l'eau ne pouvant guère différer des formes actuelles, que les inclinaisons latérales provoquaient des augmentations importantes d'émersion de l'*Ar* et de l'immersion de l'*Av*. Or à ces époques les pertes de navires, corps et biens, étaient souvent la conséquence d'un déplorable résultat qu'exprime le mot *sombrer*, expression qui Dieu merci, depuis bon nombre d'années reste sans emploi et tombe à peu près en désuétude; mais jadis, et surtout avant les modifications dans les formes et dans les dimensions qui ont été presqu'universellement provoquées à la suite des premières applications que les anglo-américains en firent en les désignant par leur mot *clipper* aujourd'hui introduit dans

presque tous les idiômes, il était considérable le nombre de
marins qui affirmaient avoir vu dans des tempêtes des navires
s'engloutir par l'avant, *sombrer*. Et il est bien évident que
les augmentations de l'immersion des avants que les inclinaisons latérales peuvent provoquer doivent contribuer auss[i]
à provoquer le déplorable résultat que le mot sombrer
exprimait.

Pour terminer et ajouter encore un motif à la nécessité de
se rendre compte des différences sur l'immersion des Ar et
des Av que les inclinaisons latérales provoquent suivant les
formes des carènes, je crois pouvoir me permettre cette brève
citation dont la vérification est facile : souvent on voit des
navires qu'on abat, c'est-à-dire qu'on couche sur le côté
pour les réparer, s'abaisser de l'Av et s'élever de l'Ar, dans
ces occasions je me suis bien souvent mis en conversation
avec des marins et des charpentiers constructeurs de navires
et chaque fois que je l'ai fait et que j'ai attiré leur attention
sur ce résultat qu'ils considéraient tous comme mauvais et
que je les entraînais à en expliquer les causes, il n'est pas
un de ces interlocuteurs que je n'aie entendu les attribuer à
un excès de la finesse des avants, ce qui a, je dois le reconnaître, une apparence de vérité quand on n'examine que les
hauts des navires ; mais ce qui *les porte* ce n'est pas leurs
hauts c'est leurs carènes et il est bien évident que si l'arrière
était moins aigu il faudrait pour tenir le navire en tonture
plus de poids derrière et moins devant et cette transla-
tion empêcherait, quand ils sont inclinés sur le côté, l'avant
de s'immerger, en plus et l'arrière de s'émerger. Ainsi la
véritable cause d'un résultat reconnu mauvais est précisé-
ment l'opposée de celle à laquelle ce résultat est attribué.

Quant aux avants renflés, il est, je pense, bien reconnu
qu'ils tendent, ainsi que j'ai cherché à le démontrer dans ma
brochure de 1852, à augmenter les tangages : plus l'avant
est gros plus le coup de mer le force à s'élever et plus la
réaction l'oblige à s'abaisser ensuite.

Septembre 1872.

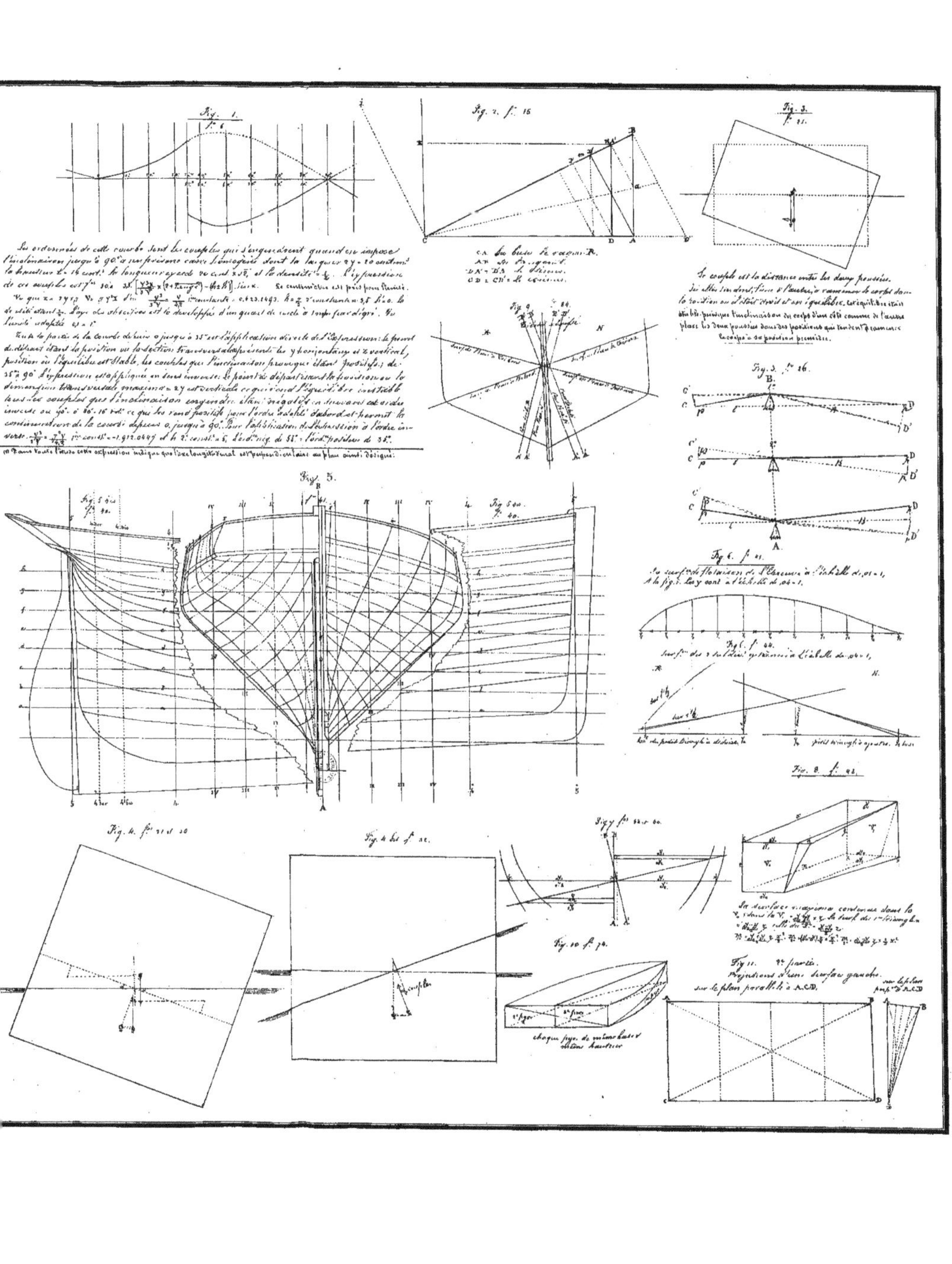

Types de Calculs. *1re feuille.*

Déplacement: f.os 1 à 2.   Dimensions du plan —   Voir la Fig: 9.

L'Échelle ,04 = 1

		AR.				MC.			AV.			
Num. des de V.		5	4	3	2	1	0	1	2	3	4	5
	f	,0021	,0337	,0485	,0637	,0644	,0557	,0438	,0405	,0268	,0125	,0012	,3769
	e	,0020	,025?	,0397	,0471	,0480	,0471	,0425	,0340	,0215	,0096	,0012	,3178
Num.? des	d	,0019	,0191	,0314	,0384	,0402	,0390	,0344	,0268	,0164	,0071	,0012	,2569
Sect. horizont.	c	,0018	,0143	,0266	,0309	,0325	,0310	,0267	,0200	,0119	,0053	,0012	,2002
	b	,0017	,0104	,0183	,0233	,0247	,0230	,0191	,0135	,0079	,0038	,0012	,1469
	a	,0016	,0074	,0127	,0161	,0170	,0149	,0115	,0074	,0043	,0027	,0012	,0968
		,0111	,1100	,1757	,2100	,2168	,2087	,1840	,1422	,0888	,0410	,0072	1,3955

Moins ,3769 + 0,0968 + 0,0111 + 0,0072 = 0,4920   moins ,0021 + ,0012 + ,0016 + ,0012 = ,0061

moins ,0061 × ½ = 0,0030   = ,4890 × ½   ,2445

Le volume du plan $(x = 0,04) \times (z = 0,0076) \times$ 1,151 = m³ ,0003499h

$$x \qquad ,04 \cdot 2,602 \cdot ,0600$$
$$z \qquad ,0076 \cdot 3,880 \cdot ,8136$$
$$1,151 \qquad ,061 \cdot ,753$$

Coefficients de l'échelle.

$\frac{x}{z} = 2,602 \cdot 0600$ $2z = +1,307 \cdot 9400$

$(\frac{1}{2z})^2 \cdot 3,204 \cdot 1200$ $(2z)^2 + 2,795 \cdot 8800$

$(2z)^3 \cdot 5,806 \cdot 1300$ $(2z)^3 + 4,193 \cdot 8200$

$-4,543 \cdot 9489 = ,0003499h$
$\overline{2z}^3 + 4,193 \cdot 8200$

$0,737 \cdot 7689 = $ Le volume d'exécution

à déduire: Réduction par la quête —, ,004 par tranche.

f	,0020 + ,0251 × ½ =	,01355 × 1	,01355
e	,0019 + ,0191	,0305 × 2	,021
d	,0018 + ,0143	,0105 × 3	,024 15
c	,0017 + ,0104	,0665 × 4	,0242
b	,0016 + ,0074	,0085 × 5	,0142
a	,0090 + ,0763 × ½ =	,0426	,0941 × ,0004 × ,0076 =

,0941 − 2,973,5896
,0004 − 4,602,0600
,0076 − 3,880,8136

$- 7,456,4632$ m³ ,000000286
$\overline{2z}^3 + 4,193,8200$

$- 3,680,2832$ m³ ,0042675

à ajouter: L'Étrave excédant la V̄ sur l'h₅ de, ,006 réduits ,0035 sur l'h₄

f	,0012 + ,0125 × ½ =	,00685 × ½	,0002055
e	,0012 + ,0096	,0054	,000397
d	,0012 + ,0071	,0015 , ,005	,0002075
c	,0012 + ,0053	,0032 5 , ,045	,000146
b	,0012 + ,0038	,005	,000100
a	,0012 + ,0027 × ½	,0019 5 , ,035	,000034
	,0072 + ,0410 × ½	,024	,000099 × ,0076

,000099 − 5995,6352
,0076 − 3880,8136

$- 7,876,4488$ m³ ,000007324
$\overline{2z}^3 \cdot 4,193,8200$

$- 2,070,2688 = ,0117562$

Dimensions

	Du plan	d'exécution
m³ ,0003499h		
	m³ 5,46725	
	,000000286	
	,0047	
m³ ,0003h9613	m³ 5,46278	
,000000762		
	,01196	

2ᵉ feuille.

à ajouter   Le volume inférieur a l'h₄

1° par la différence des tirant d'eau. 2° par la quille.

Primo.   La différence 2. par chaque tranche V̄ =, exécution, ,06 plan, ,0024 comptant de la V̄₅

soit à la V̄₅ z = 0, à la V̄₅ 5z = 6 = ,024

sur chaque V̄ après la V̄₅ la surface est un trapèze dont le côté inférieur est la demi de l'épaisseur de la quille =, ,0024 de la V̄₄ à la V̄₅.

Divisant chaque trapèze en deux triangles ceux des V̄₄ à V̄₀ ont de base ,0024, et de hauteur ,002h x par le n° de la V, comptant de la V̄₁ à la V̄₅ = 9 : La V̄₅ = ,0012.

S? dont t = v = 1, et n. le nombre des termes = $\frac{n^2 + n}{2}$.

S des triangles inférieurs = $\frac{,0024}{2} \times \frac{9^2 + 9}{2} \times V̄_5 = \frac{,0016}{2 \times 2} \times 10 = ,058$

Surfaces des triangles supérieures.

V̄₅	,0016 × 1f	=	,008
V̄₅	,0076 × 9		,0666
V̄₅	,0027 × 8		,1016
V̄₅	,0161 × 7		,1127
V̄₅	,0170 × 6		,1020
V̄₅	,0149 × 5		,0746
V̄₅	,0115 × 4		,0660
V̄₅	,0074 × 3		,0222
V̄₅	,0053 × 2		,0086
V̄₄	,0027 × 1		,0027
	,00956	,5449 × ½ =	,27245 z

,33045 − 1,519,1058
,0094 − 3,380,2112
,04 − 2,602,0600
$,39045 \times ,002h x \times ,04 =$

$- 5,501,3770$ m³ ,0000 317239
$\overline{2z}^3 + 4,193,8200$

$- 1,695,1970$ " 495675   (,49563)

Secundo.   La quille.

$(,0016 + ,0024 x, ,024, ,002h × ,34 +, ,002h + ,001 ×, ,042h) =, ,004 +, ,000 816 +, ,000 721) × ,01$

,0004
,000816   000 9281 − 4,967,5948
,000721   ,01   2.

$- 6,967,5948 = $ m³ ,00009281
$\overline{2z}^3 + 4,193,8200$

$- 1,161,4148 = $ m³ ,1450156

Le gouvernail.

sur	f	,0092 ½ ×	,002 + ,0012 =	,0000736
+	e	,0118 ×	,0014 + ,0012	,0000 1324
+	d	,014 ×	,0013 + ,0010	,000021
+	c	,0158 ×	,0017 + ,0012	,0000 2291
+	b	,0172 ×	,0016 + ,0012	,0000 2408
+	a	,018 ×	,0016 + ,0012	,0000252
		,018 ×	,0014 + ,0012	,0000252
la diff.		,0174 ×	,0016 + ,0012	,0000 2436
autre deux		,0152 ×	,0016 + ,0012	,0000 2128
		,0		,0

,000 18968 − 4,278,0215
,0076 = 3,880,8136   m³ ,000 12968 × ,0076

$- 6,158,8351 = ,0000 07441568$
$\overline{2z}^3 + 4,193,8200$

$- 2,352,6551 = ,0225245$

,000 785632 − 4,8952192
$\overline{2z}^3 + 4,193,8200$

Pour les deux bords

	Plan.	Exécution.
De la 1re f.lle m³	,0003303708	m³ 3,47454
	,000031723	
		, ,49563
	,00009281	
		, ,14503
m³ ,000 39137h	m³ 6,11534	
	,0000014h2	
		m³ ,02253
m³ ,000392816	m³6,13777	
m³ ,000785 632	m³ 12,27554	

Position de l'h. par le centre du déplacement.

N.B. Dans ce qui précède le mètre a été conservé pour l'unité ce qui exige des séries de zéros à la droite des virgules quand on opère sur l'échelle d'un plan : J'ai présenté l'inconvénient afin de constater l'avantage de réduire l'unité.

Dans ce qui va suivre elle sera le décimètre,

d'où ,1 = le centim. ,01² le cent. carré, ,001³ le cent. cube, ,0001⁴ le moment du cent. cube.

et les rapports deviennent
$$\begin{cases} 2,5 = 0.397.9400. \\ 2,5^2 = 0.795.8800. \\ 2,5^3 = +1.193.8200. \\ 2,5^3 = +1.591.7600. \end{cases}$$

	Plan	Exécution
Les tirant d'eau à l'AR max $\begin{cases} \text{Plan } d.\,38+2h+1=,72 \\ \text{Exéc } m,\,95+,6+,2=1,8 \end{cases}$ à l'AV minim $\begin{cases} d.\,38+1 \\ m,95+,05 \end{cases}$ la diff + R.	d, 24	m 0,6

Moment du volume supérieur à l'h. et mesurant de ce plan ,

$$m-\frac{b}{c}+\frac{b}{c}\times 1+\frac{b}{c}\times 2+m\,d^3+\frac{b}{c}\times(3+5-1)\cdot b = \text{surf}^t\,\text{horiz}^{le}=h$$

$\frac{h}{c}-(3,769-,021+,12-,0\quad)\times,h+,00411\times\frac{1}{2}=,762\,555\times2,\times\frac{14}{2}=3,511\,923$

$\frac{h}{c}-(3,178-,0:+,012-,1355\times,01)\times,h+,00297-1,247\,228\quad h-5,068\,912$

$\frac{h}{c}-(2,569-,019+,012-,105\times,02)\times,h+,002075-1,022\,635\quad 3-3,067\,905$

$\frac{h}{c}-(2,002-,019+,012-,0805\times,03)\times,h+,00146-,795\,294\quad 2-1,590\,588$

$\frac{h}{c}-(1,469-,018+,012-,0605\times,04)\times,h+,001-,581\,832\quad 1-,581\,832$

$\frac{h}{c}-(,968-,016+,012-,035\times,05)\times,h+,00068\times\frac{1}{2}-,790\,690\times2,\times\frac{1}{2}-,063563$

$d\quad 13,955\qquad -,0915+\quad,07054\qquad m^2\,4,610.234\quad d^2\,13.884.723\times,76.\overline{d^2\,,080198}$

$\left.\begin{array}{l}3769 \\ 163\end{array}\right\}h-3,3686\quad \begin{array}{l},0766 \\ ,014\end{array}\left|,001825\quad ,0225\times,001125\right.\quad \begin{array}{l},00411 \\ ,00068\end{array}\left|\frac{1}{2},02395\right.$

$(d\quad 11,5865-\quad,07625+\quad,009415)\times,h+\quad m^3,0099=\quad 4,610.234$

Le volume

$4,610.234h+0,76.d^3,350.378\quad 4,610.25h-0,663.7230.$

$-2.880.8736.$

$-1.644.5366,3503778$

$\frac{4,13.884.723+1.142.5371}{,076^2}\quad\frac{-3.761.6372}{25.^2\quad+1.591.7600.}$

$-2.904.1643,0801981$

$0-4.95.9243-3.132.740$

	Plan	Exécution
	$m^3\,3,13274$	

Moment du volume inférieur à l'h. et mesurant de ce plan.

1° Dans la quille. 2° la quille. Le gouvernail neutre :

Primo. La profondeur max; qui est $\overline{C}=\stackrel{2^e}{,}24$ sur la $\overline{V}$ décroit en progression $\div x$ sur la $\overline{V}_4$ elle $=0$, elle décroit donc de ,024 par V ainsi désignant, 024 par Z les profondeurs sont sur la $\overline{V}_4\,9Z$ sur la $\overline{V}_3\,8Z$ &c. sur la $\overline{V}_2\,2Z$ sur la $\overline{V}_4\,Z$. C'est par les surf $V.$ qu'il convient de déterminer le moment de ce volume.

Chaque V est un trapèze dont la largeur supérieure = $\overline{V}\,\overline{V}_2\,\overline{V}_4$ &c. et la largeur inférieure = la $\frac{2}{3}$ de l'épaisseur de la quille à la rablure ces largeurs inférieures sont donc constantes sauf sur les $\overline{V}$ & $\overline{V}_4$ (la surf. d'un trapèze désignant ses largeurs par y & $y = \frac{y+z}{2}\,Z$ & son moment $= \frac{y+2y}{3}\,l^2$ en mesurant du côté de y ou vice versa : donc si on veut , pour contrôler l'exactitude de l'opération , reproduire le volume il faut sommer d'abord $\frac{y+z}{2}\times Z + \frac{y}{2}\frac{z}{2}$ et $x\frac{z}{2}$

sur $\overline{V}$: ,016 + ,016×10,×$\frac{1}{2}$= ,16 + ,016 × 10$\frac{1}{2}$,08 = ,24 = 10-2,4

$\overline{V}_4$: ,074 + ,024 × 9. = ,882 + ,016 × 9.,216 1,098 × 9. 9,882

$\overline{V}_3$: ,127 + ,024 × 3, = 1,258 + ,024 × 3,,192 1,4 × 8 = 11,2

$\overline{V}_2$: ,161 + ,024 × 7, = 1,355 + ,024 × 7,,168 1,463 × 7 = 10,241

$\overline{V}$: ,17 + ,024 × 6, = 1,164 + ,024 × 6,,144 1,306 × 6 - 7,848

,149 + ,024 × 5, = ,865 $\frac{Z}{2}$,4 + ,024 × 5,,120 $\frac{Z}{2}$,925 × 5, 4,925 $\frac{Z}{4}\cdot x$

,115 + ,024 × 4, = ,656 + ,024 × 4, ,69 × 4 2,608

,074 + ,024 × 3, = ,294 + ,024 × 3,,072 ,366 × 3 1,098

,043 + ,024 × 2, = ,154 + ,024 × 2,,048 ,382 × 2 ,764

,027 + ,024 × 1, = ,051 + ,024 × 1,,024 ,075 × 1 ,075

× 0

$6,602\times\frac{,024}{2}\times,h=\overline{,0317232}\quad 1,160\qquad 7,769\qquad 50,641\times\frac{,024}{2}\times,h=d^2\,,009246414$

$6,609\qquad 7,769$

$6,609 - 0.820.7338.$

$\frac{,024}{2}h - 2.079.1812$

$,h - 1.602.0600$

$-2.301.3770-Z^3,0317232$ voir 2e feuille

$50,641 - 1.704.5023$

$\frac{,024}{2}h - 4.760.4224$

$,h - 1.602.0600$

$2.779.1512=x$

$2.066.8847.$

$3.883.8356,009246414$

$\frac{2.5^3 - 1.591.7600}{2.880.5935,0769616}$

Secundo.

La quille volume $2\,\frac{y}{2}\,z = Z^3,009281 \times ,12 + \frac{1}{4}$ $\frac{1}{4}$ diff. $\frac{1}{2}$ haut.

$,009281\quad 3.967.5944$

$,17\quad 1.230.4489$

$3.198.0437-,00157770$

$\frac{2.5^3 + 1.591.7600.}{2.789.8087 - ,0516316 3}$

Récapitulation du volume.

$S.$ $3.$ $Z^3,350378$

$,h,031.7232$ } sans le gouvernail considéré comme neutre.

$,r,009281$

$Z.\,3913922$ voir 2te feuille $= d^3,391374$

Conclusion.

les moments $\begin{cases} \text{du vol.}^m \text{ sup}^r \text{ à l'}h\frac{1}{2} = Z^3,080198\,f^3 \\ \text{du } r \text{ infér}^r \text{ à } r = 0,003522\,,h \end{cases}$

du volume total $= Z^3,391383$

$-,076676 - 2.884.6594.$

$1.592.6019$

$2,5\begin{array}{l}1.242.0575=d,45391 \\ 0.397.9400\end{array}$

$1.639.9375\,m,,489776$

L'horizontale (l'h.) par le centre du déplacement est au-dessus de l'h. à m. 019.591.

Au-dessous de la surf de flott = m,18 2,09.

	Plan	Exécution
	$Z,00352238h$	$m^2,13769$
		,05163
	,001577770	
		$m^3,07596$
	Plan m. 019.591	Exéc. m. ,49
		,460295

5ᵉ feuille.

Position de la V par le centre du déplacement.

Le tirant d'eau comme à la 3ᵉ fle à l'AR maximum { Plan d. .7ᵉ à l'AV le minimum / Exécⁿ .180 } { Plan .⁻⁸ / Exécⁿ 1.20 }

Moment du Volume R de la V, mourant de cette V et comptant de droite à gauche. voir P. I.

Aires des sections verticales transversales.

		Plan	Exécution
V^1	$(2.087 - \frac{537}{2}.149) \times .076 + .149 \times .024 \times .05 \times 5, + .05 \times .1) \times \frac{1}{2} = .079.662 \times \frac{1}{3} = $	,024221	
V^2	$(2.168 - \frac{586}{2}.17) \times . + .170 \times .024 \times .05 \times 6 + ,$	,156.006 × 1	,156004
V^3	$(2.1 - \frac{537}{2}.161) \times . + .161 \times .024 \times .05 \times 7 +,$	,151016 × 2	,302032
V^4	$(1.787 - \frac{465}{2}.127)b. + .127 \times .024 \times .04 \times 8,1 .$	,127.172 × 3	,381516
V^5	$(1.1 - \frac{535}{2}.074) \times . + .074 \times .024 \times .04 × 9, .$	,080.966 × 4	,323864
V^6	$(1.111 - \frac{021}{2}.016) \times . + .016 \times .016 \times .04 \times 10, \frac{02}{2} \times \frac{1}{2} \times ,006.385 \times \frac{1}{4}$	,029797	

$1.215.622 = ,084.7271$
$\overline{5}^2 \quad -1.904.1200$
$\quad -2.2885.471 , \underline{194.468} \qquad$ voir P¹ ,392.205 $\times$ 2 = d². 186.882
$2.5^2 \quad +1.591.7600$
$\quad +0.850.6071 . 759.653$ .... ,47.59639

à déduire, ou la quête de l'étambot qui réduit la longueur de chacune des surfaces horizontales inférieures à (P. h. celle de la flottaison) de .004 par chaque tranche.

sur $\frac{h}{h'}$ etc.

$\frac{h}{5}$	$.02 \times .004 = .00008 \times (\varepsilon - .\frac{ε h}{2}) = .000 16$	$\frac{.02 h + .084}{2} = ,000468$	$h = \frac{.004}{2} = ,000134$	
$\frac{h}{5}$	$.019 \times .04 = ,000152 = .\frac{h^2}{2} = ,00.303$	$\frac{.013 \times .072}{2} = ,000688$	$h = \frac{.02}{3} = ,000272$	
$\frac{h}{5}$	$.018 \times .012 = ,000216 = .\frac{h^2}{2} = ,00.431$	$\frac{.013 \times .125}{2} = ,000.756$	$16\frac{h}{h}. h - \frac{.012}{2} \times \frac{2}{2} = ,000295$	
$\frac{h}{5}$	$.017 \times .06 = ,000.42 = .\frac{h^2}{2} = ,000.696$	$\frac{.16 \times .087}{2} = ,000.696$	$h = \frac{.016}{2} = ,000273$	
$\frac{h}{5}$	$.016 \times .4\frac{1}{2} = .0016 = .\frac{h^2}{2} = ,000.518$	$\frac{.02 \times .158}{2} \times \frac{1}{2} = ,00049$	$h = \frac{.02}{2} = ,000.13$	

$\sum .0088 \qquad ,0017.54 \qquad d^2 .002.886 \times 1.6 = \qquad ,004.618$
$\qquad\qquad d^2. ,001.754 \qquad\qquad ,001.764$

$d² .005766 - 3.576.8303$
$d. .076 \qquad -2.880.8136$
$\qquad 4.456.6939 . d^2 .000.286 \quad$ voir P. f. d. .005766 + .076 = ,000.936
$\quad ,001.137 + \frac{1}{2} = ,000.733$
$\quad ,007.130 \times .076 = d². ,000.542$

$d^3 . ,000.548 \quad -4.733.9993$
$\overline{5}^3 \qquad + .1591.7600$
$\qquad\quad -2.329.7593 = ,021.718$ .... ,,02·17

à ajouter Le gouvernail dont ici le rôle n'est plus neutre.

5	,092 × ⅔ = ,046 × d² × .012 = ,000.736	+(.⅔ + .123) = ,000.339	
ℓ	,118 × .04 × ⅔ × .012 = ,001.329	+(.08 + .113)+ = ,001.043	
d	,14 × .013 × .012 = ,00.21	+(.013 + .14)+ = ,001.556	
c	,158 + .17 × .012 = ,002.92	+(.013 + .152)+ = ,001.673	
b	,17 × .16 × .012 = ,002.608	+2.(.016 + .171) = ,001.878	
a	,13 × .16 × .012 = ,00.232	+(.18 + .18)+ = ,000.2016	
	,13 × .17 × .012 = ,00.252	+(.02 + .18)+ = ,001.965	
	,174 × .16 × .012 = ,002426	+(.024 + .174)+ = ,000.1778	
	,152 × .16 × .012 = ,002.123	+(.021 + .182) = ,000.1277	
		d³. ,001.7355	

$d² . ,013.963 - 2.273.0444$
$. .076 \qquad -2.880.8136$
voir 2ᵉ f. -3.155.5580 , d² reste h. h. d². ,013.963 × .076 , d². ,001.442 . d². ,392.735 × . .076 = ... ,002985

$d² . ,196.911 - 1.294.2700$
$2.5 \qquad \overline{5}^2 + .1.591.7600$
$\qquad ,886.0300 = 7.691.835$

,392.735 - 2.694.0996
, .076 \qquad -2.830.8136
$\overline{5}^2 \qquad +1.591.7600$
$\qquad -1.666.6732$ .... .11659
= ,002.94.786

$d². ,193.926 \qquad ,.757.522$ (Plan / Exécution)
.11659

6ᵉ feuille.

Moment du volume N de la V et mourant de cette V.

Primo.

Aires des sections verticales transversales.

			Plan	Exécution
V^1	$(2.088 - \frac{537}{2}.149) .076 + .149 \times .05 \times 5, + .05 \times \frac{1}{2}) \times \frac{1}{3} = .0737$	$\times \frac{1}{3} = $	,024233	
V^2	$, 540 - \frac{498}{2}.178) .076 + \frac{.178}{2} .024 \times .04 \times h, + .04 \times h =$	,125618	1 = ,125618	
V^3	$, 422 - \frac{405}{2}.076) \times .076 + .074.024 \times .04 \times 3, + .024 \times . =$	,095798	2 = ,191596	
V^4	$, 388 - \frac{268}{2}.063) .076 + .063.024 \times .024 \times 2, + .024 \times . =$	,059678	3 = ,179034	
V^5	$, 440 - \frac{125}{2}.027) .076 + .027.024 \times .02 \times 1, + .02 \times . =$	,028396	4 = ,113584	
V^6	$, 072 - \frac{021}{2}.019 \times .076 + $	$+ .012 \times \frac{1}{2} = ,00288$	$\frac{1}{4} = ,013440$	
		$d². 383032 + 4. - d^3 .156012$	$I^? 38.507$	$647.505 \times \frac{2}{1000} d^2$,103601	

$d². 385032 - 1.635.4968$
$, .4 \qquad -1.602.5600$
$\qquad -1.157.5568 - d². ,154.0128$

$,647.505 - 1.811.2.432$
$, .4 \qquad -1.204.1200$
$\qquad -1.013.3632 = ,103600.8$
$\overline{2.5}^4 + 1.591.7600$
$\qquad 0.607.1232 = 4,046.306$ .... ,4.046.91

Secundo. Le volume excédant la V.

$(\frac{a}{2}\frac{h}{2} \times .06 + \frac{b}{2}\frac{h}{2} \times .055 (\frac{d}{2}\frac{h}{2}) \times .06 + x\frac{1}{2} + \frac{c}{2} + (\frac{b}{2}\frac{h}{2} .06 + \frac{d}{2} \times .06) \times .06 + (\frac{c}{2}\frac{h}{2}) , .06 + \frac{d}{2}\frac{h}{2} .055) .055 + d^2$

sur	$\frac{h}{5}$			
	$\frac{h}{5}$	$(,125 + .012) \frac{1}{2} .06 = ,00.411$	$.16 + \frac{1}{2} = ,00.447 \times .06 = ,000.268$	
	$\frac{h}{5}$	$(,096 + .012) . .055 = ,00.594$	$.055 = ,00.660 \times .055 = ,000.363$	
	$\frac{h}{5}$	$(,071 + .012) \times .05 = ,00.415$	$.05 = ,00.473 \times .05 = ,000.237$	
	$\frac{h}{5}$	$(,053 + .012) \times .045 = ,00293$	$.045 = ,00.547 + .045 = ,000.156$	
	$\frac{h}{5}$	$(,038 + .012) \times .04 = ,002$	$.04 = ,00243 \times .04 = ,000.99$	
	$\frac{h}{5}$	$(,027 + .012) \frac{1}{2} .055 = ,00068$	$.055 \frac{1}{2} = ,000.701 \times .055 = ,000.83$	
		$d². ,001981 + \frac{1}{2} \times .076 = d^2 ,000.753$	$\times 2, = ,001.506$	$,001.143 + \frac{1}{2} \times .076 = ,000.13$

$d². ,001.981 - 2.296.8845$
$\frac{1}{2}. ,5 \qquad -1.698.9700$
$, .076 \qquad -2.880.8136$
$\qquad 4.876.6681 - d^? ,00075278$
$2, \qquad 502.0300$
$\qquad -3.277.6981 = ,00150556$

$,001.148 - 3.059.9449$
$\frac{1}{2} \qquad -1.721.8888$
$, .076 \qquad -2.880.8136$
$\qquad -5.162.6043 - ,0000.1454$
$\qquad = ,00150556$

$, .105.122 - 1.021.6937$
$\overline{2.5}^4 \qquad +1.591.7600$
$\qquad + .569.0663 = ,00152010$

$,00152 = 3.122.1292$
$\overline{2.5}^4 + 1.591.7600$
$\qquad -2.773.1892$ .... ,059.244
(Plan / Exécution) ,,105.122 / 4,105.324

0.613.4537 = 4.1.6329

Récapitulation du volume.

$V. \quad 5 \qquad d³.236.882$
$\quad + \quad , \quad ,000.286$
$\qquad\qquad d³.236.596$
$\quad + \quad , \quad ,001.442$
$\quad + \quad c \qquad ,003.013$
$\qquad\qquad ,000.753$
$\qquad d³. 392.804$ voir 2ᵉ f. d³ ,392.816

Les moitiés \qquad **Conclusion.**

des moments du volume R de la V d³. 196.911 f. 5

de N d². ,105.122

Différences R + d². 091.789 - 2.962.7306
d². 39.281 (2ᵉ fne) \qquad -1.594.1392
$\qquad\qquad -1.363.604 = d. ,283.669$
$2.5 \qquad +1.597.9400$
$\qquad\qquad -1.766.5158 \quad m. ,584.137$

La verticale transversale par le centre du déplacement est

	Plan	Exécution
à l'avant de la V = d. 2.337		m. 5.841
de l'AR de la surf. de flott. d². 1.763		d.4.159
de l'N de id. d². ,2.237		5.7.341
Longueur totale d. h.06		m. 10.13

7ᵉ Feuille.

Position de g le centre de gravité du navire.

Les dimensions sont celles d'exécution, les ordonnées ayant été mesurées sur un tracé des V. à l'échelle d'un dixième. $0,1 \times 10 = 1$.

K.100, placés sur la lisse de garde corps au M.C. provoquent une déviation du fil à plomb δ de m. 0,01775 par m.l.

La formule.
$$p \times (z + z \cot.g. \alpha) \pm \left(\frac{4,02\, \Sigma'y^2y^2 + \Sigma'y^2y^2}{p + p} \cdot \frac{1}{\cos^2} + \Sigma'y^2y + \Sigma'y^2y - h \right) = h'.$$

$h + h' = h + h'$ quand g est au dessus de la surface de flottaison $= h - h'$ quand g est au dessous : donc g est au dessus de cette surface quand on a le 2ᵉ terme ζ qu'il le 2ᵉ ou au dessous quand on a 1,5 g.

des V	5	4	3	2	1	0	1	2	3	4	5		

	,046	,83	1,224	1,34	1,367	1,345	1,258	1,024	,673	,317	,023	= 9,464
$\bar{y} - ct$	,059	,826	1,194	1,337	1,362	1,337	1,262	1,001	,662	,316	,037	= 9,368
$y - ct$	,046	,833	1,206	1,336	1,354	1,335	1,238	1,007	,662	,36	,023	= 9,348
$\bar{y} + ct$	,059	,849	1,220	1,348	1,368	1,349	1,260	1,02	,676	,32	,037	= 9,496

Observations communes aux calculs qui précèdent.

1. Les fractions de millimètre que l'emploi des logarithmes a permis d'inscrire sont sans valeur quand elles sont inférieures à des dixièmes de millimètre; mais pour de grandes constructions les 0,001 des calculs qui précèdent deviendraient des 0,001 et plus. Enfin les quantités inapplicables démontrons l'inutilité d'évaluer exactement les différences que ces quantités exigées engendrent.

2. L'observation 3 du f° 8 du texte, exige que je fasse remarquer que si la dimension du couple cp était déterminée d'abord, ce qui resterait à faire pour obtenir la position de g serait peu important.

3. Les types qui précèdent doivent suffire pour compléter les indications qui permettent de déterminer la valeur de chacun des couples qui sont engendrés successivement par les diverses inclinaisons jusqu'à celle qui est la limite qu'on assigne à la courbe de la fig. 1.

8ᵉ Feuille.

Suite de la position de g.

M.

$$\Sigma(\bar{y} + ct)(y + ct) = 13,08768 \times x \quad (x = 1,)$$
$$\Sigma(\bar{y} - ct)(y - ct) = 13,93606 \cdot x$$
$$\Sigma(\bar{y} - ct)(\bar{y} + ct) = 12,92964 \cdot x \qquad 26,02374$$
$$\Sigma(y - ct)(y - ct) = 13,05335 \cdot x$$

Variation verticale du plan par θ devenant θ

$+$ de haut en bas $-$ de bas en haut. $+ h'$ croît $- h'$ décroît.

h' est la distance de la surface de l'eau au plan horizontal par g.

Longueur du Couple α cf

La formule $f° 65 du texte.$

$$cf = \left(\frac{\Sigma'(\bar{y} + ct)(y + ct) + \Sigma'(\bar{y} - ct)(y - ct)}{6\,V} \cdot \frac{1}{\cos^2} + \Sigma'(\bar{y} + ct)(y + ct) + \Sigma'(\bar{y} - ct)(y - ct) - (h \pm h') \right) \sin \alpha$$

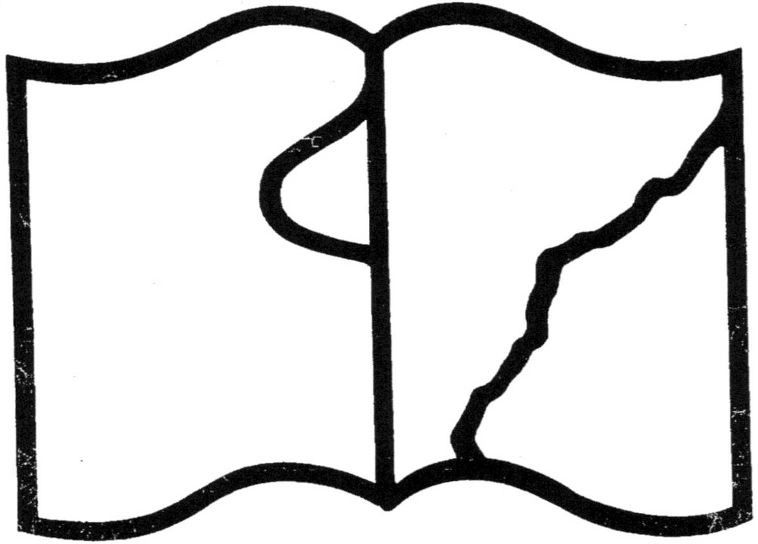

Texte détérioré — reliure défectueuse

NF Z 43-120-11

Contraste insuffisant

NF Z 43-120-14

www.ingramcontent.com/pod-product-compliance
Ingram Content Group UK Ltd.
Pitfield, Milton Keynes, MK11 3LW, UK
UKHW020209130726
13696UKWH00002B/813